普通高等农林院校规划教材

设施园艺学实验实习指导

张娟 阿依买木·沙吾提 谭占明 主编

化学工业出版社
·北京·

内容简介

《设施园艺学实验实习指导》主要针对园艺、园林、设施农业科学与工程本科专业实验、实习实践教学内容进行撰写。本指导书共 4 章内容，62 个实践项目，主要介绍了设施类型的调查及设计、设施内环境调控技术、设施果树栽培实验及生产实践技能、设施蔬菜栽培实验及生产实践技能、设施花卉栽培实验及生产实践技能等实践内容。每个实践项目一般包含实验目的与要求、材料与用具、步骤与方法、作业与思考题。通过不同的生产实践项目，学生能够将课堂理论与生产实践相结合，更加系统地得到设施设计、设施建造、设施园艺作物繁育、生产技术的技能训练。

本指导书可作为高等农林院校以及高等职业技术院校园艺、设施农业、农学、林学等相关专业的师生实验教材，也可作为设施农业相关技术人员的专业技能训练、科研技能训练参考用书。

图书在版编目（CIP）数据

设施园艺学实验实习指导/张娟，阿依买木·沙吾提，谭占明主编. —北京：化学工业出版社，2020.11（2023.6 重印）
普通高等农林院校规划教材
ISBN 978-7-122-37826-2

Ⅰ.①设… Ⅱ.①张…②阿…③谭… Ⅲ.①设施农业-园艺-实验-高等学校-教材 Ⅳ.①S62-33

中国版本图书馆 CIP 数据核字（2020）第 185237 号

责任编辑：尤彩霞　　　　　　　　　　　文字编辑：朱雪蕊　陈小滔
责任校对：王鹏飞　　　　　　　　　　　装帧设计：史丽平

出版发行：化学工业出版社（北京市东城区青年湖南街 13 号　邮政编码 100011）
印　　装：涿州市般润文化传播有限公司
710mm×1000mm　1/16　印张 10¼　字数 200 千字　2023 年 6 月北京第 1 版第 2 次印刷

购书咨询：010-64518888　　　　　　售后服务：010-64518899
网　　址：http://www.cip.com.cn
凡购买本书，如有缺损质量问题，本社销售中心负责调换。

本书编写人员名单

主　编：张　娟　阿依买木·沙吾提　谭占明

参编人员（按姓氏汉语拼音排序）：

　　　杜红斌　郭图强　轩正英

前　言

　　设施园艺学是适用于园艺、设施农业科学与工程等专业的一门多学科交叉的综合性应用科学，涉及生物科学、环境科学和工程科学，是三个学科的交叉与有机结合。 学习设施园艺学必须先要学习和掌握园艺作物露地栽培基础知识，进而才能进一步掌握设施栽培的技术原理，同时还要了解环境条件的调控原理、园艺设施结构、园艺设施性能变化规律，并掌握一般的设计原理与施工要求。

　　本课程学习前期学生须完成植物学、植物生理学、蔬菜栽培学、果树栽培学、观赏园艺学等相关先修课程的学习，并已基本掌握植物生长的基本理论知识。 而实验实习课是"设施园艺学"课程中的重要实践环节，学生通过实验实习，加深对课堂教学内容的理解，认识和了解各种园艺设施的类型结构和性能，掌握园艺设施测评的技术方法和手段，学习和掌握主要蔬菜、果树、花卉设施栽培的关键技术。

　　《设施园艺学实验实习指导》在塔里木大学植物科学学院园艺林学系课程组教师的合作下，根据园艺、设施农业、农学、林学专业本科人才培养方案及人才培养目标，结合新疆社会经济发展需要，为更好地提高实践教学质量并培养学生的实践动手能力和创新技能，在原有实验课的基础上，有针对性地增加了实训实习项目，从而更好地加强师生互动，充分调动学生学习的积极性，激发学生的学习潜能，为培养具有一定创新精神和较强实践能力的复合应用型人才整理编写而成。

　　本教材在编写过程中得到了塔里木大学植物科学学院相关专家和领导的指导与支持，并在编写过程中，参考了相关农业院校的书籍和资料，结合新疆地区实际生产情况进行了修改，在此一并表示衷心的感谢。

　　由于编者水平有限，实际经验不足，书中难免有不妥之处，恳请采用本书作为教材的相关教师和学生能及时提出批评和宝贵意见，以便于今后修改。

编　者

2020 年 9 月

目 录

第三章　设施蔬菜栽培实验实训技能　082

第四章　设施花卉栽培实验实训技能　129

第一章
设施类型及环境管理

项目一 园艺设施类型调查

一、目的与要求

通过对不同园艺设施的实地调查、测量、分析，结合观看影像资料，加深对课堂讲授内容的理解，掌握本地区主要园艺设施的结构特点、建造方式、设施性能、存在问题、作物生产季节及其在园艺作物生产中的地位、作用和在本地区的应用，并学会结构测量方法，同时学会园艺设施构件的识别及其合理性的评估。

二、用具及设备

1. 室外调查

皮尺、直尺、钢卷尺、测角仪（坡度仪）等测量用具及铅笔等记录用具。

2. 影像资料及设备

不同园艺设施类型和结构的幻灯片、录像带、光盘等影像资料以及幻灯机、放像机、VCD 等影像设备。

三、说明

根据防寒保温、充分利用太阳能和人工加温的原理，我国园艺设施类型有很多种，一般而言，有风障畦、阳畦、温床、地膜覆盖、塑料薄膜覆盖和温室。由于各地气候条件的差异，各种园艺设施所占比例不同，这是实验中应了解的要点之一。

园艺设施的性能与设施的结构、规格密切相关，也是各种类型相互区别的依据。了解园艺设施性能必先掌握其结构和规格。

园艺设施的应用是由其防寒保温能力及性能决定的，掌握园艺设施在本地区的利用情况是做好技术工作的基础。

四、内容和方法

（一）实地调查、测量

全班划分成若干小组，每小组按下列实验内容要求到校实验站及附近团场基地，进行实地调查、访问，将测量结果和调查资料整理成报告。调查要点如下：

（1）调查、识别当地温室、大棚等几种园艺设施类型的特点，观察各种类型园艺设施的场地选择、设施方位和整体规划情况。分析各种园艺设施类型的结构的异同、性能的优劣和节能措施的设置情况。

（2）测量并记载几种类型园艺设施的结构规格及配套型号和特点。

① 测量记载温床或阳畦的方位、规格和苗床布局及风障设置等。

② 测量记载塑料中小拱棚的方位，长、宽、高规格，骨架材料和覆盖材料的种类及规格等。

③ 测量记载塑料大棚（装配式钢管大棚和竹木大棚等）的方位，长、宽、高规格，拱架间距，骨架材料和覆盖材料的种类与规格等。

④ 测量记载日光温室和现代化温室的方位，长度、跨度、高度尺寸，透明屋面及后屋面的角度，墙体厚度和高度，门的位置和规格，建筑材料和覆盖材料（透明覆盖材料、不透明覆盖材料）的种类和规格，配套设施设备类型和配置方式等。

⑤ 测量记载大型现代温室或连栋大棚的结构、型号、生产厂家、骨架材料、覆盖材料（透明覆盖材料、不透明覆盖材料）、方位、长度、跨度、肩高、脊高、间距与配套设施设备。

（3）观察现代化园艺设施环境控制系统的设备与性能。

（4）调查记载各种类型园艺设施在本地区的主要栽培季节、栽培作物种类、周年利用情况及节能的有效措施。

（二）观看录像、幻灯片、多媒体等影像资料

观看地面简易设施（简易覆盖、近地面覆盖）、地膜覆盖、小型园艺设施（小棚、中棚）、大型园艺设施（大棚、温室）等各种类型的园艺设施影像资料，以便更好地了解其结构性能特点和应用情况。

五、要求

（1）园艺设施的结构和规格决定其性能，也是各类型之间相互区别的依据，要想了解园艺设施的性能，首先必须掌握其结构和规格。然而由于我国园艺设施类型较多，不可能在一次实验课中全部掌握各种类型园艺设施的特点，因此，本次课程

应重点掌握温室、塑料大棚、小拱棚、阳畦等设施的结构、性能和应用。

（2）我国地域辽阔，各地自然环境各异，各种园艺设施调控环境的手段也不同，因此应根据不同地区的特点，了解防寒保温、利用太阳能和人工加温、遮光降温、通风换气等环境调控措施在生产中的应用情况。

（3）掌握当地几种园艺设施种植的作物种类（每个种类选几种主要作物，由当地实际情况确定）及栽培制度。

（4）了解当地设施园艺存在的问题及发展趋势。

六、作业与思考题

1. 从本地区园艺设施类型、结构、性能及其应用的角度，撰写实验报告，比较各种园艺设施类型的结构特点。

2. 画出主要设施、类型的结构示意图，注明各部位名称和尺寸，并指出优缺点和改进意见。

3. 对当地设施园艺发展趋势作出评价。

4. 说明本地区主要园艺栽培设施结构的特点和形成原因。

项目二 电热温床的设计与安装

一、目的与要求

电热温床育苗是按照不同作物、不同生育阶段对温度的需求，用电热线稳定地控制地温、培育壮苗的新技术。电热温床育苗能取代传统的冷床育苗，配合塑料大棚，进行人为控温，供热时间准确，地下温度分布均匀，不受自然环境条件制约，提高苗床利用率，节省人力、物力，改善作业条件，安全有效，能在较短时间内育出大量合格幼苗，是作物商品化育苗的一条新途径。

通过本项目学习和掌握电热温床的设计计算方法、自动温度调节原理和布线方法，熟悉土壤电热线与自动控温仪的安装使用方法及注意事项，了解电热温床应用原理和特点。

二、材料和用具

1. 材料

控温仪、电热线、交流接触器（设置在控温仪及电热线之间，以保护控温仪、调控电流）、配套的电线、开关、插座、插头、保险丝、稻糠、麦秸、稻草、木屑、马粪等。

2. 用具

钳子、螺丝刀、电笔、万用电表等电工工具。

三、电热温床简介

（一）电热温床的结构

为了节约用电，电热温床应设在温度条件较好的日光温室或加温温室内，面积根据需要选定。为减少热量损耗，最好用隔热层把床土和大地隔开。隔热层材料可就地取材，稻糠、麦秸、稻草、木屑、马粪等均可。床坑深25～30cm，平整床基后铺一层塑料薄膜，然后铺上述隔热材料5～10cm厚，上面再盖一层塑料薄膜，薄膜上覆盖3～5cm厚的培养土。床土上按要求布设电热线，最后再盖一层培养土。如果是苗床直播，则这层培养土应有5～10cm厚。若用育苗盘或营养钵育苗，土层0.5～5cm厚即可。温床夜间最好再扣小拱棚保温。电热温床结构示意图如图2-1所示。

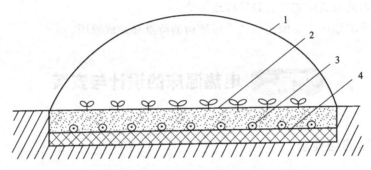

1—小拱棚；2—床土；3—电热线；4—隔热层

图2-1 电热温床结构示意图

（二）电热线、控温仪与交流接触器的选择与使用

1. 选择适宜型号的电热线

电热线可分为给空气加温的气热线和给土壤加温的地热线两类，两者不要混用。电热线采用低电阻系数的合金材料，400W以上的电热线都用多股电热丝。气热线绝缘层选用耐高温的聚乙烯或聚氯乙烯材料，地热线采用聚氯乙烯或聚乙烯注塑，厚度在0.7～0.95mm之间，比普通导线厚2～3倍。电热线和导线的接头采用高频热压工艺，不漏水、不漏电。

购买和使用电热线时，一定要注意几个技术参数，即额定工作电压、额定功率、使用温度、线全长。在使用过程中若达不到参数要求，就达不到预期效果而造成能源浪费；若超过参数要求，将会发生事故。目前市场出售的电热线型号及主要参数见表2-1。

表 2-1　电热线的主要技术参数

种类	生产厂家	型号	功率/W	长度/m
地热线	营口市农业机械化科学研究所	DR208	800	100
	上海市农业机械研究所	DV20406	400	60
		DV20410	400	100
		DV20608	600	80
		DV20810	800	100
		DV21012	1000	120
	浙江省鄞县大嵩地热线厂	DP22530	250	30
		DP20810	800	100
		DP21012	1000	120
气热线	上海市农业机械研究所	KDV	1000	60
	浙江省鄞县大嵩地热线厂	F421022	1000	22

2. 控温仪的选择

目前用于电热温床的控温仪基本上是农用控温仪，仪器本身电源电压是220V，控温范围为10～40℃，控温的灵敏度为±0.2℃。目前常见控温仪型号及参数见表 2-2。

表 2-2　常见控温仪的型号及参数（葛晓光，1995）

型号	负载功率/kW	负载电流/A	控温范围/℃	供电形式
BKW-5	2	5×2	10～50	单相
KWD	2	10	10～50	单相
WKQ-1	2	5×2	10～50	单相
WK-1	1	5	0～50	单相
WK-2	2	5×2	0～50	单相
BKW	26	40×3	10～50	三相四线制
WKQ-2	26	40×3	10～40	三相四线制
WK-10	10	15×3	0～50	三相四线制

3. 交流接触器的选择

如果电热线总功率大于控温仪允许负载时，必须外加交流接触器，否则控温仪易被烧毁。交流接触器的线圈电压有220V和380V两种，220V较常用。目前CJ10系列的交流接触器较常用，其型号及参数见表2-3。

表 2-3　CJ10 系列交流接触器型号及参数（葛晓光，1995）

型号	额定电流/A	联锁触点额定电流/A	220V 电压时最大容量/kW
CJ10-5	5	5	1.2
CJ10-10	10	5	2.2
CJ10-20	20	5	5.5
CJ10-40	40	5	11
CJ10-60	60	5	17
CJ10-100	100	5	30
CJ10-150	150	5	43

4. 电热线和控温仪及交流接触器的连接方法

（1）当电热线总功率不大于控温仪的最大允许负载时，可将电热线直接与控温仪连接。

（2）如电热线总功率超过控温仪的最大负载，应外加交流接触器。

（3）大面积育苗使用的电热线很多，应采用三相四线制供电。接线时电热线分成三组，每组的功率尽可能一样。同一组内各线并联得两个总的线端，一头一尾。然后把三组线的尾连在一起接电源零线，另三个头分别接交流接触器的三个下触点，交流接触器的上触点接三相闸刀开关。

四、操作方法

1. 功率密度的选定

电热温床的功率密度是指每平方米铺设电热线的功率，用 W/m² 表示。功率密度越大，则苗床温度升得越快。功率密度太大，升温虽快，但增加设备成本并缩短控温仪的寿命；功率密度太小，又达不到育苗所要求的温度。适宜的功率密度与设定地温和基础地温有关。设定地温为育苗所要求的人为设定的温度，一般指在不设隔热层条件下通电 8～10h 所达到的温度。基础地温为在铺设电热温床未加温时的 5cm 土层的地温。电热温床适宜的功率密度可参考表 2-4，如设有隔热层，其适宜功率密度可降低 15%。

表 2-4　电热温床适宜的功率密度　　　　　　　　　　单位：W/m²

设定地温	基础地温			
	9～11℃	12～14℃	15～16℃	17～18℃
18～19℃	110	95	80	—
20～21℃	120	105	90	80
22～23℃	130	115	100	90
24～25℃	140	125	110	100

2. 布线

（1）电热线的布设

电热线根数＝功率密度×苗床长×苗床宽÷单根电热线功率

注意：电热线不能截断使用，故只能取整数。

$$苗床内布线条数＝（线长－苗床宽度）/苗床长度$$

注意：为了方便接线，应使电热线两端的导线处在苗床的同一侧，故布线条数应取偶数；假如最后一趟线不够长，可中途折回。

$$布线平均间距＝苗床宽度/（布线条数－1）$$

注意：实际布线间距可根据苗床中温度分布状况作适当调整，一般中间稀些，两边密些。

（2）布线方法

布线时可按规定的间距在苗床两端插上短木棒，把电热线回缠在木棒上，缠线时尽可能把线拉直，不让相邻的线弯曲靠拢以免局部温度过高，更不允许电热线打结、重叠、交叉，布完后覆上培养土。

具体布线时，还应考虑两个出线端尽可能从苗床的同一边引出。假如所缠电热线的最后一个来回不够长时，不必延拉到苗床的端部，可以半途折回。其余的部分可由后一根线来补充。另外，苗床两边散热快中间慢，所以布线间距应两边小中间适当大些。布线方法见图 2-2。

图 2-2　直接连接电源的电热温床布线示意图

3. 电热线与电源的连接

如果育苗量小，电热温床可只用一根电热线，功率为 1000W 或 1100W。不超过控温仪负荷时，可直接与 220V 电源线连接，把控温仪串联在电路中即可。如果用两根电热线，电热线应并联，切不可串联，否则电阻加大，对升温不利。如用三根以上多组电热线，控温仪及电热线间应加上交流接触器，使用三相四线制的星形接法，电热线应并联，力求各项负荷均衡。单相控温仪线路连接法如图 2-3 所示。

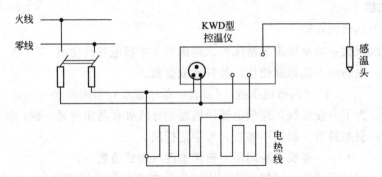

图 2-3　电热温床单相控温仪线路连接法

4. 埋线

布线完成后埋线。简易的埋线方法：首先在苗床两端插竹棍处开小沟，将电热线埋入，便于掩埋苗床中的电热线；再沿电热线走向，在苗床上按行距开小沟，将电热线全部埋入。

5. 注意事项

① 如果连接的电热线较多，电热温床的设计及安装最好由专业电工操作。

② 电热线布线靠边缘要密，中间要稀，总量不变，使温床内温度均匀。

③ 用容器育苗可先在电热线上撒一层稻壳或铺一层稻草，然后直接摆放育苗钵或育苗盘。

④ 严禁成卷电热线在空气中通电试验或使用。布线时不得交叉、重叠或扎结。电热线不得接长或剪短使用。

⑤ 所有电热线的使用电压都是 220V，多根线之间只能并联，不能串联。接入 380V 三相电源时可用星形接法。

⑥ 使用电热线时应把整根线（包括接头）全部均匀地埋入土中，且线的两头应放在苗床的同一侧。

⑦ 对苗床进行管理和灌水及床上作业时要切断电源，注意人身安全。

⑧ 旧线使用前最好做一次绝缘检查。将电热线浸入水中，引出线的一端，接在电工用兆欧表的一个接线柱上，表的另一接线柱插入水中，电阻应大于 $1M\Omega$。

⑨ 收电热线时不要硬拔、硬拉，更不能用锹、铲挖掘，以免损坏绝缘层。注意劳动工具不要损伤电热线。接头要用胶布包好，防止漏电伤人。电热线用后，要及时清除盖在上面的土，轻轻提出，擦净泥土，卷好备用。电热线不用时，要放在阴凉处，防鼠、虫咬坏绝缘层。控温仪及交流接触器应存于通风干燥处。

⑩ 选择一天中棚内最低温度的时间（主要是夜间）加温，并充分利用自然光能增温、保温。

五、作业与思考题

1. 动手铺设和安装电热线及控温仪，并思考电热线安装过程中应注意的事项。
2. 写出实验报告，记载电热温床设置的过程，说明技术要点。
3. 如何进行电热温床育苗的温度管理？

项目三 塑料拱棚结构观测与设计

一、目的与要求

通过实地调查、测量塑料拱棚的结构，初步学会进行塑料拱棚设计的方法和步骤，能够画出单栋塑料拱棚的断面立体图及平面图。

二、材料与用具

皮尺、细绳、钢卷尺、专用绘图用具和纸张。

三、调查与设计

（一）实地调查和观测

到学校的园艺科研基地或附近的生产单位，进行实地调查和观测，主要内容如下：

（1）调查塑料拱棚的方位、骨架材料的构成。

（2）实际测量塑料拱棚的跨度、长度和高度。

（3）调查塑料拱棚的结构组成。如果是竹木结构的拱棚，调查横向和纵向立柱的设置、立柱的粗度（如果是钢架结构大棚，调查拱架的结构）、拱架（杆）的间距、拉杆的设置、压膜线的材料、地锚的设置等；如果是钢管装配式拱棚，调查拱棚的基本结构、各种配件的类型。

（4）调查和测量门的设置和规格，调查覆盖材料的种类。

（5）调查拱棚的附属设施，如卷膜器、多层覆盖材料的设置。

（6）调查塑料拱棚在当地的应用季节及主栽的作物种类。

（二）塑料拱棚结构的设计

1. 塑料拱棚特点

塑料拱棚应具备以下特点：

（1）具有良好的采光性能，同时具有使光分布均匀的特点。

（2）具有良好的保温构造，保温比适当。

（3）塑料拱棚的结构尺寸规格及其规模要适当。

（4）大棚结构应具有抵抗当地较大风雪荷载的强度，同时又能避免骨架材料过大造成的遮光。

（5）具有易于通风、排湿、降温等环境调控功能。

（6）有利于作物生育和便于人工作业的空间。

（7）应具备充分利用土地的特点。

2. 设计步骤

（1）根据当地自然和经济条件，选择合适的塑料拱棚的类型，确定塑料拱棚的方位和大小（长度、跨度、高度）。

（2）在坐标纸上画出塑料拱棚的轮廓。

（3）确定立柱的位置、高度、拱架（杆）的结构及间距和纵向拉杆的设置。

（4）确定压膜线的材料，确定门的位置及规格。

（5）选择合适的透明覆盖材料及卷膜器、保温帘幕的设置。

（6）确定拱棚基础深度和地锚的深度及设置。

四、作业与思考题

1. 根据实地对塑料拱棚结构的观测与调查，写出一篇评价塑料拱棚结构优劣的实验报告。

2. 认真绘出所设计的塑料拱棚的平面图和立体图，并写出设计说明和使用说明。

3. 写出所设计的一栋拱棚的用材种类、规格和数量。

项目四 塑料大棚的安装

一、目的与要求

进一步了解装配式镀锌钢管大棚的结构，掌握塑料薄膜的熨烫黏结技术，运用所学知识，根据当地自然条件和生产要求进行装配式塑料大棚的选型、设置和安装。

二、用具及设备

装配式塑料大棚各部分组件及安装工具，塑料薄膜、纸张、绘图工具等。

三、方法和步骤

1. 绘制图纸

画出单栋装配大棚的平面结构示意图和多个单栋大棚布置的平面图，注意棚间距离即道路设置，配以文字说明。

2. 大棚安装

（1）确立方位和放样

首先用指南针等工具确定方位，然后按图纸设立的位置进行现场放样。大棚的方位确定后，在准备建棚的地面上，测定大棚四角的位置，埋下定位桩，在同一侧两个定位桩之间沿地面拉一根基准线，在基准线上方30cm左右拉一根水准线。

（2）安装拱架

① 在每根拱架下标上记号，使该记号至拱架下端的距离等于插入土中深度与地面距水准线距离之和。

② 沿两侧基准线，按拱架间距标出拱架插孔位置，应保证同一拱架两侧的插孔对称。

③ 用钢钎或其他工具向地下所需深度垂直打出插孔。

④ 将拱架插入孔内，将拱架安装记号与水准线对齐，以保证高度一致。

（3）安装棚头、纵向拉杆和卡膜槽

① 安装棚头：用作棚头的两副拱架应保持垂直，否则拱架间距离不能保证，棚体不正。

② 安装纵向拉杆和卡膜槽：纵向拉杆应保持水平直线，拱架间距离应一致，纵向拉杆或卡膜槽的接头应尽量错开，不要使其出现在同一拱架间。棚头、纵向拉杆和卡膜槽安装完成后，应力求棚面平齐，不要有明显的高低差。

（4）覆盖塑料薄膜

将黏结好的3～4块塑料薄膜覆盖于棚架之上，裙膜与天幕相接处重叠50cm左右，留作风口，用卡膜槽将薄膜卡紧，压好压膜线，棚的四周薄膜埋入土中约30cm，以固定棚布。

（5）安装棚门

将按照规格做好的门，装入棚头的门框内。门应开关方便，关闭严密。

四、作业与思考题

1. 写出实验报告，说明大棚型号、生产厂家、结构特点并详细记录安装过程和注意事项。

2. 塑料大棚主要类型有哪些？如何根据本地区自然条件进行选择？

项目五 日光温室设计与规划

一、目的与要求

运用所学理论知识，结合当地气象条件和生产要求，学会对一定规模的设施园艺生产基地进行总体规划和布局；学会进行日光温室设计的方法和步骤，能够画出总体规划布局平面图、单栋日光温室断面图等（均为示意图），使工程建筑施工单位能通过示意图和文字说明，了解生产单位的意图和要求。

二、材料与用具

比例尺、直尺、量角器、铅笔、橡皮等专用绘图用具和纸张。

三、设计条件与要求

1. 设计冬春两用果菜类及叶菜类蔬菜生产温室及生产育苗兼用温室若干栋，每栋温室规模 333.3m² 左右，用材自选。温室数量，根据生产需要，自行确定。

2. 温室结构要求保温、透光好、生产面积利用率高、节约能源、坚固耐用、成本低、操作方便。

四、设计步骤

（1）根据园区面积、自然条件和生产要求，先进行总体规划，不仅要考虑温室群布局，还要考虑路、电、水、房等相关设施的合理安排，不要顾此失彼。

（2）温室的保温条件与温室容积大小、墙厚度、覆盖物种类及温室严密程度有关。光照条件的优劣除受外界阴、晴、雨、雪变化影响外，还与透明屋面与地面的交角大小、后屋面仰角、前后屋面比例、阴影的面积及温室方位等有关。室内利用率大小则受温室的空间大小、保温程度和作物搭配等影响，根据修建温室场地、生产要求、经济和自然条件，选择适宜的温室类型并确定温室大小（长、宽、高）。

（3）在坐标纸上按一定比例画出温室的宽度，再按生产目的和前后比例定出中柱的位置和高度（钢骨架温室没有中柱）；需确定屋脊到地面垂直高度及后屋面投影长度；结合冬春太阳高度的变化，从提高透光率和保温性的角度，确定透明屋顶的角度和后屋面角度；从便于操作管理角度，考虑温室的坚固程度和保温需要，确定后墙高度、温室墙体和后坡厚度以及墙体的结构和防寒沟的设置等。温室的构架基本完成后，进一步做全面修改直到合理为止。

（4）确定通风面积、拱杆的间距和通风窗的大小及位置。

（5）确定温室基础深度及使用材料。

（6）平面设计：要画出墙的厚度、柱子的位置（钢骨架温室可以无柱）、工作间的大小及附属设备、门的规格及位置等。

（7）写出建材种类、规格、数量。

五、作业与思考题

1. 写出实验报告，认真绘出所设计温室的断面图、平面图和立体图，并写出设计说明和使用说明。

2. 写出所设计的一栋温室用材种类、规格和数量，以及经费概算。

3. 说明本地区园艺栽培设施的类型及其使用的透光材料、保温材料及建筑材料，并说明原因。

项目六　园艺设施小气候观测

一、目的与要求

掌握园艺设施小气候观测的一般方法，熟悉小气候观测仪器的使用方法，为今后进一步研究各类园艺设施小气候环境特征，进行小气候环境监测和管理打下基础。

二、用具及设备

（1）空气温湿度

通风干湿球温度表或遥测通风干湿球温度表，最高温度表，最低温度表。

（2）土壤温度

套管地温表或热敏电阻地温表（电测）。

（3）光照

照度计。

（4）CO_2 浓度

红外 CO_2 分析仪。

（5）风速

热球式风速仪或电动风速表。

（6）小气候

小气候观测支架。

三、观测内容

园艺设施小气候观测的内容，因研究的目的和要求不同而异。一般内容：测定温室或塑料大棚内空气和土壤温度、空气湿度、光照强度、CO_2 浓度的分布和气流速度及日变化特征。

四、观测点布置

水平观测点，视温室或塑料大棚的大小而定，如一个面积为 $300\sim600m^2$ 的日光温室可布置 9 个观测点（图 6-1），其中 5 个位于温室中央，称之为中央观测点。与中央观测点相对应，在室外可设置一个对照点，其余各观测点以中央观测点为中心均匀分布。

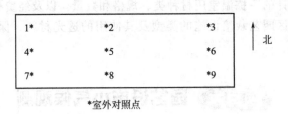

*室外对照点

图 6-1　设施小气候观测点布置图

观测点高度根据设施高度、作物状况、设施内气象要素垂直分布状况而定。在无作物时，可设 0.2m、0.5m、1.5m 3 个高度；有作物时可设作物冠层上方 0.2m，作物层内 1～3 个高度，室外为 1.5m 高度。土壤中应包括地面和地中根系活动层若干深度，如 0.1m、0.2m、0.4m 等几个深度。

一般来说在人力、物力允许时光照度测定、CO_2 浓度、空气温湿度测定、土壤温度测定可按上述观测点布置，如人力、物力不允许可减少观测点，但中央观测点必须保留。

五、观测时间

选择典型的晴天或阴天进行观测。

为了使设施内获得的小气候资料可进行比较，设施小气候观测的日界定位为每日的 20 时。

1 天（24h）内，空气湿度、温度、土壤温度、CO_2 浓度、风速等的测定，每隔 2h 一次，分别为 20 时、22 时、24 时、02 时、04 时、06 时、08 时、10 时、12 时、14 时、16 时、18 时共 12 次。如温室揭、盖帘时间与上述时间超过 0.5h，则应在揭、盖帘后，及时增加观测一次。

六、观测顺序

视人力、物力情况可采取定点流动观测法或线路观测法。在同一点上自上而下，再自下而上进行往返两次观测，取两次测量的平均值。

在某一点按光照—空气温湿度—CO_2浓度—风速—土壤温度顺序进行观测。

七、观测资料整理

将 1d 连续观测的结果，按观测点分别填入汇总表和单要素统计表，并绘制成各要素的变化图、水平分布图和垂直分布图。

八、注意事项

（1）观测内容和观测点视人力、物力而定。

（2）观测前必须进行充分准备，任课教师要精心设计、精心组织、明确分工，既不窝工又不遗漏。

（3）仪器安装好后务必预测一次，发现问题及时更正。

（4）每次观测前必须巡视各观测点仪器是否完好，发现问题及时更正；每次观测后必须及时检查数据是否合理，如发现不合理者必须查明原因并及时更正。

（5）观测前必须设计好记录数据的表格，要填写观测者、记录校对者、数据处理者的姓名。

（6）观测数据一律用 HB 铅笔填写，如发现错误记录，应用铅笔划去再在右上角写上正确数据，严禁用橡皮涂擦。

（7）仪器的使用必须按气象观测要求进行，如测温、湿度仪必须有防辐射罩，光照仪必须保持水平等。

九、作业与思考题

1. 根据观测和记录的设施内环境的有关数据，绘出设施内外温度、湿度等的日变化曲线图并进行分析：设施内各环境要素的时间、空间的分布与变化特点及形成的可能原因。

2. 总结设施内环境调控的措施及其效果。

3. 对设施的结构和管理提出意见和建议。

项目七 设施覆盖材料的使用与管理

一、目的与要求

掌握园艺设施覆盖材料的主要性能，学会对设施覆盖材料的使用和科学管理，了解不同覆盖材料对设施内环境条件的影响。

二、材料与用具

1. 材料

烙好的大棚或温室棚膜、压膜线、草帘、纸被或保温被、遮阳网、无纺布等。

2. 用具

细铁丝、钳子、铁锹、大缝针等。

三、步骤与方法

设施覆盖材料的种类很多，功能也不尽相同。就其主要功能而言，分为三类。第一类，用于园艺设施采光的，是一些透明覆盖材料，如玻璃、塑料板材和塑料薄膜；第二类，用于外覆盖保温的，主要是一些不透明的材料，如草帘、纸被、保温被等；第三类，用于调节设施内光、温环境的，主要是一些半透明或不透明的材料，如遮阳网、反光膜、薄型无纺布等。在选择覆盖材料时，要充分考虑各种覆盖材料都要适应设施园艺作物生长发育的要求。

（一）透明覆盖材料的使用与管理

以温室大棚的扣膜为例。

1. 扣膜前的准备

首先是要清棚，将温室或大棚内地面上的枯枝败叶、杂草清扫出去；其次是要检修棚架，注意结构是否牢固，有无铁丝头等尖锐物体伸出架外，最好将铁丝绑接的地方用布条或草绳缠好，以免划破棚膜；最后根据温室或大棚的大小，将棚膜粘好，并准备好压膜线。

2. 扣膜

设施的扣膜要选择无风或微风的暖和天气进行。一般温室棚膜按上、下通风口的宽度把整个前坡薄膜分成3块（两小一大）。大棚棚膜分成下部的裙膜和整个骨架上部的一大块棚膜。扣膜时，一般先上裙膜，把裙膜下缘埋入土中，上缘卷上细竹竿后用铁丝绑在温室或大棚的骨架上。也可烙出一条串绳筒，穿入细绳，紧固在大棚或温室两端。覆盖时，从下部开始，注意把薄膜拉紧、拉正，不出皱褶，绷紧，顶膜两侧要搭在裙膜外面，搭叠30~40cm，最后，在两拱杆之间上压膜线，绷紧后绑在地锚上。对于管架大棚和温室，应在卡膜槽中安装好卡簧。大棚两端棚膜拉紧后埋入土中，并留出门的位置。温室两侧的薄膜要卷上3~5根细竹竿，然后牢牢地钉在两侧的墙上，温室顶部的一条薄膜固定在后坡上，前缘与中间的膜搭叠20cm左右，以备通顶风。

3. 棚膜的日常管理

设施的透明覆盖物（塑料薄膜、玻璃、塑料板材等）主要作用是保证设施的采光，所以保证透明覆盖物的清洁是日常管理的主要内容。教师可组织学生清洗，用长把拖布擦拭透明覆盖物等。

（二）外保温覆盖材料的使用与管理

（1）在北方 9 月末至 10 月上旬前后，随着气温的逐渐下降，日光温室需要加盖防寒保温的外覆盖物。根据各地的具体条件，可以覆盖保温被、蒲席、草帘等；对于东北地区，为增强室内的保温效果，还需在蒲席或草帘下铺一层纸被，纸被是由 4～6 张牛皮纸叠合而成，不仅增加了覆盖材料的厚度，而且弥补了蒲席或草帘的缝隙，大大减少了缝隙散热，可使室内气温提高 3.0～5.0℃。

（2）头一年用过的草帘、纸被、保温被在使用前要充分晾晒，挑出破损的、不能再继续使用的，破损较轻的可做些修补。选择在无风或微风天气进行。安装自动卷帘机的温室，冬季雪多的地区，为了方便卷帘和清扫，可在纸被下、草帘上各铺一整条彩条布或旧棚膜。先铺下部的彩条布（或旧棚膜），然后铺纸被，纸被的覆盖方法可以根据当地的季候风向，如东北地区冬季以西北风为主，先铺温室最东面的一片，然后铺的第二片压在第一片的上面，搭叠 5～10cm，铺完纸被后由西至东呈"覆瓦式"，纸被上面铺草帘，覆盖方法与纸被相同，草帘上面铺彩条布，最后用大的缝针把上下彩条布与草帘、纸被搭叠处的下端缝起来，以便于卷帘。

（三）半透明覆盖材料的使用与管理

半透明覆盖材料主要用于调节设施内的光照、温度条件，所以在设施内应用较广泛而灵活。

无纺布是以聚丙烯、聚酯为原料经熔融纺丝、堆积布网、热压黏合，最后干燥定型成棉布状的材料。根据纤维的长短，将其分为两种：长纤维无纺布和短纤维无纺布。应用于设施园艺的是长纤维类型。又根据每平方米的质量，将其分为薄型无纺布和厚型无纺布。一般薄型无纺布可以直接覆盖在蔬菜秧苗上，作浮面覆盖栽培，起到增温、防霜冻、促进蔬菜早熟、促进增产的作用；也常作棚室内晚间的二层保温帘幕（白天拉开放置一边），可提高棚室内的温度，又因其透气性好，不会增加空气湿度。厚型无纺布可作为园艺设施的外覆盖材料，但需要用防水性能好、强度大、耐候性强的材料包裹，才能延长其使用寿命，并提高防寒、保温效果。

遮阳网是以聚乙烯、聚丙烯和聚酰胺等为原料、经加工制作拉成扁丝，编织而成的一种网状材料。种类和规格较多，颜色有黑色、绿色、银灰色、银白色、黑与银灰色相间等几种，而且质地轻柔，便于铺卷。遮阳覆盖栽培方式一般有温室遮阳网覆盖、塑料大棚遮阳覆盖、中小拱棚遮阳覆盖、小平棚遮阳覆盖和遮阳浮面覆盖等，在温室和大棚中使用又分为外遮阳覆盖和内遮阳覆盖。

在使用中要注意单层无纺布和遮阳网由于经常揭盖拉扯，较易损坏，同时要防止被铁丝等尖锐、粗糙的物体刮破，以延长其使用寿命。

四、作业与思考题

1. 从采光和保温角度，为设施覆盖材料的科学使用和管理提出意见和建议。
2. 在设施覆膜及覆盖外保温覆盖材料时，应注意的事项有哪些？
3. 举例说明无纺布、遮阳网等半透明覆盖材料在设施内的应用状况。

项目八 设施消毒技术

一、目的与要求

通过本次实验，理解设施内空气及土壤消毒的意义及消毒时期，掌握园艺设施内常采用的消毒方法及其技术，并能够熟练应用。

二、材料与用具

1. 材料

石灰氮、甲醛、硫黄粉、氯化苦等。

2. 用具

铁锹、地膜、水管、喷壶（喷雾器）、旧薄膜、碎稻草、锯木屑等。

三、步骤与方法

设施内的消毒方法有物理消毒法和化学消毒法两类。物理消毒法主要有两种，即太阳能消毒和蒸汽消毒法。由于蒸汽消毒需要消耗大量的能源和一定的设备，难于操作和大面积推广应用。这里主要介绍太阳能消毒法和化学药剂消毒法。

（一）太阳能消毒法

在高温的夏季，温室和大棚休闲时，将大棚、温室密闭起来，在土壤表面洒上碎稻草和石灰氮。每 $667m^2$ 需要碎稻草 $0.7\sim1.0t$、石灰氮 $70kg$（如无石灰氮用石灰代替）。使两者与土壤充分混合，做成平畦，四周做好畦埂，向畦内灌足量的水（以畦内灌满水为原则），然后盖上旧薄膜。这样处理后白天土表温度可达 $70℃$，$25cm$ 深的土层全天都在 $50℃$ 左右。经半个月到一个月，就可起到土壤消毒的作用，同时可有效地除掉土壤中多余的盐分。

（二）化学药剂消毒法

设施内消毒常用的药剂主要有硫黄粉、福尔马林（40%甲醛溶液）、氯化苦等。

1. 硫黄粉消毒

硫黄粉消毒主要用于设施内空气及土壤消毒，可以消灭白粉病菌、红蜘蛛等病虫害，一般在播种或定植前2～3d进行熏蒸，一般每667m²需要硫黄粉0.5kg，与锯木屑混合均匀，分成小堆，从里往外依次点燃，注意熏蒸时温室、大棚要密闭，熏蒸一昼夜即可达到效果。熏蒸结束后，要大通风，待硫黄的气味散尽，即可播种或定植。

2. 福尔马林消毒

福尔马林（40％甲醛溶液）消毒用于设施内或温床的床土消毒，可消灭土壤中的病原菌，同时也能杀死土壤中的有益微生物，使用浓度为50～100倍水溶液。使用时先将温室或温床内的土壤翻松，然后将配好的药液均匀喷洒在地面上，每667m²大约需要配好的药液100kg。喷完后再翻土一次，使耕作层土壤都能沾着药液，然后用旧薄膜覆盖床面保持2d，使甲醛充分发挥杀菌作用。然后撤去薄膜，再翻土1～2次，打开门窗，使甲醛散发出去，两周后才能使用。

3. 氯化苦消毒

氯化苦消毒主要用于防治设施土壤中的线虫和病原菌。使用氯化苦消毒时，应在作物定植或播种前10～15d进行。具体做法是：将设施内的土壤堆成高30cm的长条，宽由覆盖薄膜的幅宽而定，每30cm²注入药剂3～5mL，注入深度为10cm左右，然后立即盖上薄膜，高温季节经过5～7d，寒冷季节经过10～15d之后去掉薄膜，翻耕2～3次，经过彻底通风，待没有刺激性气味后再使用。该药剂使用后也能同时杀死硝化细菌，抑制氨的硝化作用，在较短时间内即能恢复。该药剂对人体有毒，使用时要开窗，使用后密闭门窗保持室内高温，能提高药效，缩短消毒时间。

以上3种药剂在使用时都需提高室内温度，使土壤温度达到15～20℃以上时，消毒效果好。土温在10℃以下，药剂不易汽化，效果较差。使用药剂消毒时，还可以使用土壤消毒机，使液体药剂直接注入土壤到达一定深度，并使其汽化和扩散。但由于使用成本较高，土壤消毒机使用还不普及。

另外在蔬菜育苗上也常采用药土或药液进行土壤消毒，如为了防治瓜类苗期猝倒病，可按每平方米床面施用50％福美·拌种灵（拌种双）粉剂7g，或40％五氯硝基苯粉剂9g，或25％甲霜灵可湿性粉剂9g加70％代森锰锌可湿性粉剂1g，掺细土4～5kg拌匀，做成药土。在播种时采用"上覆下垫"的方法，把种子夹在药土中间，以起到消毒作用。

四、作业与思考题

1. 设施内土壤消毒要注意哪些问题？

2. 比较设施内常用的几种消毒方法并思考如何提高设施内土壤消毒的效果。

项目九 CO_2 施肥技术

一、目的与要求

通过本次实验，深刻理解园艺设施内 CO_2 施肥的意义与作用，并掌握设施内常用的 CO_2 的施肥方法和技术。

二、材料与用具

CO_2 发生器、碳酸盐（碳酸钙、碳酸氢铵、碳酸铵）、强酸（硫酸或盐酸）。

三、步骤与方法

（一） CO_2 的来源与施用

CO_2 的肥源及其生产成本，是决定在设施生产中能否推广和应用 CO_2 施肥技术的关键。解决肥源有以下几种途径。

1. 通风换气法

在密闭的设施内，由于作物的光合作用，中午前后 CO_2 浓度会降至很低，甚至达到 $150\mu L/L$。最快、最简单补充 CO_2 浓度的方法就是通风换气，在外界气温高于 $10℃$ 时，这是最常采用的方法。通风换气有强制通风和自然通风两种。强制通风是利用人工动力如鼓风机等进行的通风，自然通风就是利用风和温差所引起的压力差进行的。但这种方法有局限性，表现在设施内的 CO_2 浓度只能增加到与外界 CO_2 浓度相同的水平，浓度再增高受到限制；另外，在外界气温低于 $10℃$ 时，自然通风有困难，会影响室内气温。

2. 土壤中增施有机质法

土壤中增施有机质，在微生物的作用下，有机质会不断地被分解为 CO_2，同时，土壤中有机质增多，也会使土壤中生物增加，进而增加了土壤中生物呼吸所放出的 CO_2。在不同的有机质种类中，腐熟的稻草放出的 CO_2 量最高，稻壳和稻草堆肥次之，腐殖土、泥炭等相对较差。

3. 人工施用

目前，国内外采用的 CO_2 发生源主要有燃烧含碳物质法、施放纯净 CO_2 法、化学反应法等。

（1）燃烧含碳物质法

燃烧含碳物质法有三种碳源获得法。一是燃烧煤或焦炭，1kg 煤或焦炭完全燃烧大约可产生 3kg CO_2。这种方法原料容易得到，成本低，在广大农村发展潜力较大，并可在一定条件下实现温室供暖与 CO_2 施肥的统一。但是如果煤中含有硫化物或燃烧不完全，就会产生二氧化硫和一氧化碳等有毒气体，而且产生的 CO_2 浓度不容易控制。因此，在采用此法时，应选择无硫燃煤，并注意燃烧充分，避免烟道漏烟。二是燃烧天然气（液化石油气），这种方法产生的 CO_2 气体较纯净，而且可以通过管道输入到设施内，例如液化石油气燃烧的反应式为 $C_3H_8 + 5O_2 \longrightarrow 3CO_2 + 4H_2O$，但成本较高。三是燃烧纯净煤油，每升纯净煤油完全燃烧可产生 2.5kg 的 CO_2，其反应式为 $2C_{10}H_{22} + 31O_2 \longrightarrow 20CO_2 + 22H_2O$。这种方法易燃烧完全，产生的 CO_2 气体纯净，但成本高，难以推广应用。

（2）施放纯净 CO_2 法

施放纯净 CO_2 法又分为两种，一是施放固态 CO_2（干冰），可将其放在容器内，任其自由扩散，而且便于定量施放，所得气体纯净，施肥效果良好，但成本高，而且干冰贮运不便，施放后易造成干冰吸热降温，所以只适于小面积试验用。二是施放液态 CO_2，液态 CO_2 可以从制酒行业中获得，可直接在设施内释放，容易控制用量，肥源较多。

（3）化学反应法

化学反应法利用强酸（硫酸、盐酸）与碳酸盐（碳酸钙、碳酸铵、碳酸氢铵）反应释放 CO_2，反应式为 $CaCO_3 + 2HCl \longrightarrow CaCl_2 + CO_2 + H_2O$ 或 $NH_4HCO_3 + HCl \longrightarrow NH_4Cl + CO_2 + H_2O$，近几年，山东、辽宁等地相继开发出多种成套的 CO_2 施肥装置，主要结构包括贮酸罐、反应罐、提酸手柄、过滤罐、输酸管、排气管等部分。工作时，将提酸手柄提起，并顺时针旋转 90° 使其锁定，硫酸便通过输酸管微滴于反应罐内，与预先装入反应罐内的碳酸氢铵进行化学反应，生成 CO_2 气体。CO_2 经过滤罐（内装清水）过滤，氨气溶于水，CO_2 气体被均匀送至日光温室供农作物吸收。通过硫酸供给量控制 CO_2 生成量，CO_2 产生迅速，产气量大，操作简便，较安全，应用效果较好。此外，CO_2 的固体颗粒气肥以碳酸钙为基料，有机酸作调理剂，无机酸作载体，在高温高压下挤压而成，施入土壤后可缓慢释放 CO_2。据报道，每 $667m^2$ 一次团体颗粒气肥施用量 $40 \sim 50$kg，可持续产气 40d 左右，并且一日中释放 CO_2 的速度与光温变化同步。该类肥源的优点是使用方便，省时省力，室内 CO_2 浓度空间分布较均匀。但是颗粒气肥对贮藏条件要求严格，释放 CO_2 的速度慢，产气量少，且受温度、水分的影响，难以人为控制。

（二） CO_2 的施用浓度和时期

1. 施用时期

实验应于晴天进行。就一天来讲，施用时间要根据光合作用的进行而定。在设施内一般光照强度达到 1500lx 时，作物开始光合作用，达到 5000lx 时，光合强度增加，室内 CO_2 浓度下降，这时即为开始施用 CO_2 的时间。晴天一般在日出后 30min，如果施入有机肥较多，可在日出后 1h 施用 CO_2。停止施用 CO_2 的时间依温度管理而定，一般应在换气前 30min 停止施用。上午同化 CO_2 能力强，可多施或浓度大一些；下午同化能力弱，可少施或不施。

2．施用浓度

从光合作用的角度，接近饱和点的 CO_2 浓度为最适施肥浓度。但是，CO_2 饱和点受作物、环境等多因素制约，生产中较难把握；而且施用饱和点浓度的 CO_2 也未必经济合算。很多研究表明，CO_2 浓度超过 $900\mu L/L$ 后，进一步增加施肥浓度收益增加很少，而且浓度过高易造成作物伤害和增加渗漏损失，因此，$800\sim$ $1500\mu L/L$ 可作为多数作物的推荐施肥浓度，具体依作物种类、生育阶段、光照及温度条件而定，如晴天和春秋季节光照较强时施肥浓度宜高，阴天和冬季低温弱光季节施肥浓度宜低。

（三） CO_2 施肥的注意事项

（1）采用化学反应法施用 CO_2 时，由于强酸有腐蚀作用，不要滴到操作者的衣服和皮肤上，也不要滴到作物上。一旦滴上应及时涂小苏打和碳酸氢铵或用水清洗。

（2）施放 CO_2 要有连续性，才能达到增产效果，禁止突然停止施用，否则，黄瓜等果菜类会提前老化，产量显著下降。若需停用时，要提前计划，逐渐降低 CO_2 浓度，缩短施放时间，以适应环境条件变化。

（3）施放 CO_2 的作物生长量大，发育快，需增加追肥和灌水次数。

（4）施放次数受棚温的影响，超过 $32℃$ 停止施放，停放 0.5h 后进行通风。

（5）CO_2 发生器应用物体遮盖，以防太阳直射而老化，影响密封性和使用寿命。发生器的密封反应罐最好用塑料薄膜绕扣缠一圈再拧紧，免得漏气。

（6）阴、雨、雪天不宜施放 CO_2。

（7）蔬菜作物整个生育期尤以初期施用 CO_2 效果较好。苗期占地面积小，育苗集中，施用 CO_2 设施简单，施用后对培育壮苗、缩短苗龄等都有良好效果。可在定植 1 周后，植株已经缓苗时施用。对于黄瓜、番茄、茄子等果菜类蔬菜在雌花着生、开花期、结果初期施用，可促进果实肥大；若在开花结果前过多、过早施用 CO_2，只能促使茎叶繁殖，对果实经济产量并无显著提高。

四、作业与思考题

1. 增加设施内 CO_2 浓度的方法和途径有哪些？哪种方法最具推广应用前景？

2. 针对某一特定作物（蔬菜、果树、花卉任选其一）的设施栽培，制订其 CO_2 施肥计划，包括 CO_2 的施肥方法、施肥浓度及施肥时期和时间。

3. 如何提高设施内 CO_2 的施肥效果？

项目十 设施内节水灌溉技术

一、目的与要求

掌握园艺设施内常用的节水灌溉方法，并学会设施内节水灌溉系统的安装和设置方式。

二、材料与用具

滴灌支管、滴灌毛管、过滤器、施肥罐、细铁丝、小竹棍、地膜等。

三、步骤与方法

设施内的节水灌溉主要有滴灌、渗灌、喷灌等，目前以滴灌为主。下面主要介绍滴灌系统的组成、设置与安装及管理与维护。

（一）滴灌系统的组成

到学校实验基地或附近生产单位调查滴灌系统的组成。

温室、大棚中的滴灌系统是由水泵、仪表、控制阀、施肥罐、过滤器等组成的首部枢纽和担负着输配水任务的各支管、毛管等组成的管网系统及直接向作物根部供水的各种形式的灌水器三部分组成的。可组织学生调查滴灌系统各组成部位在棚室内的设置方式及性能。

1. 首部枢纽

（1）过滤设备

滴灌要求灌溉水中不含有造成灌水器堵塞的污物和杂质，而实际上任何水源，都不同程度地含有各种杂质。因此，对灌溉水进行严格的净化处理是滴灌中的首要步骤，是保证滴灌系统正常进行、延长灌水器使用寿命和保证灌水质量的关键措施。过滤设备主要包括拦污栅（筛网）、沉淀池、离心式过滤器、沙石过滤器、滤网式过滤器等。可根据水源的类型、水中的污物种类及杂质含量来选配合适的类型。

（2）施肥装置

施肥装置主要是向滴灌系统注入可溶性肥料或农药溶液的设备。将其用软管与主管道相通，随灌溉水即可随时施肥。还可以根据作物需要，同时增施一些可溶性的杀菌剂、杀虫剂。常用的是压差式施肥罐，规格有 10L、30L、60L 和 90L 等。

（3）闸阀

在滴灌系统中一般都采用现有的标准阀门产品，按压力分类，这些阀门有高压、中压、低压三类。滴灌系统中主过滤器以下至田间管网中一般用低压阀门，并要求阀门不生锈（腐蚀），因此，最好用不锈钢、黄铜或塑料阀门。

（4）压力表与水表

滴灌系统中经常使用弹簧管压力表测量管路中的水压力。而水表是用来计量输水流量大小和计算灌溉用水量的多少。水表一般安装在首部枢纽中。

（5）水泵

离心泵是滴灌系统应用最普遍的泵型，尽量使用电机驱动，并需考虑供电保证程度。可根据灌溉面积来选择适宜功率的水泵，一般每 $667m^2$ 选用 $370W$ 的水泵即可满足需要。

2. 管网系统

管网是输水部分，包括干管、支管、毛管等。常用干管材料有 PVC 管、PP 管和 PE 管，主要规格有直径为 160mm、110mm 和 90mm 三种，使用压力为 $0.4\sim1.0MPa$，可根据流量大小选择合适的规格。支管一般选用直径为 32mm、40mm、50mm、63mm 的高压聚乙烯黑管或白管，以黑管居多，使用压力为 0.4MPa。毛管与灌水器直接相连，一般放在地平面，多采用高压聚乙烯黑管，要求耐压 $0.25\sim0.4MPa$，多用直径为 25mm、20mm 和 16mm 的管。支管与毛管连接时配有各种规格的旁通、三通等，只需在支管上打好相应的孔，就能连接。但是，打孔必须注意质量，否则会密封不严而漏水。

3. 灌水器

灌水器包括滴头、滴灌管和滴灌带等，有补偿式滴头、孔口滴头、内镶式滴灌管、脉冲滴灌管以及迷宫式滴灌带等。可根据种植作物的种类、灌溉水的质量、工作压力以及经济条件来选择合适的型式。

（二）滴灌系统的设置与安装

滴灌系统的安装分安装前规划设计、施工安装前准备、施工安装和试运行验收等环节。

1. 安装前规划设计

根据使用要求、水源条件、地形地貌和作物的种植情况（农艺要求），合理布置引、蓄、提水源工程，合理设置首部枢纽，合理配置输水管网及管件，提出工程概预算。

（1）水源工程的设置

一般来说，设施连片栽培或集中的基地水源工程应该配套，做到统一规划、合理配置，尽量减少输水干管、水渠的一次性投资，单个棚室用井、水池作为水源时，尽可能将井打在设施中间，水池尽量靠近设施。

（2）首部枢纽和输水管网配置

首部枢纽通常与水源工程一起布局设计，对于设施连片的基地，输水干管应尽量布置在设施中间，并埋入地下 30cm 左右，每一或两个大棚（温室）处留一出水口接头，当田面整理不平时，干管应设置在田块相对较高的一端。

2．施工安装

（1）首部安装

必须认真了解设备性能，设备之间的连接必须安装严紧，不得漏水，施肥器安装时应注意按其标示的箭头方向进水，需要用电机作动力时，应注意安全。

（2）滴灌管网的安装

安装顺序是先主（干）管再支管、毛管，以便全面控制，分区试水。支管与干管组装完成后再按垂直于支管方向铺设毛管。在作物定植之前或定植后均可铺设，以定植之前安装，铺设质量最高。

支管一般选用直径为 25mm 的 PE 管，安装时按实际大棚、温室的长度，用钢锯截取相应长度。支管一般安装在设施内垂直于畦长方向布置。对于温室，一般在南底角处；对于大棚，可安装在大棚中间或一端。若大棚、温室长度在 50m 以下，可直接由大棚或温室的较高的一端向另一端输水；棚室长度在 50～60m 以上时，最好从大棚或温室中间的支管进水，向两头输水，以减少水损失，并提高灌水均匀度。支管用三通连接起来，三通的一通与滴灌软管连接，注意在支管上留好进水口并接上进水管。

根据温室、大棚中作物的种植方式——一畦一行、一畦二行或者垄作等，铺设毛管（滴灌软管）。首先要精细整地，使畦面平整，无大土块，将软管与畦长比齐后剪断，可以在两行作物之间安装一根软管，同时向两行作物供水，也可以每行作物铺设一根软管，还可以把软管按照大于双倍畦长截断，将软管的一头接在支管上，顺在畦的一侧，不要在外侧（离畦外缘 15cm 左右），然后在畦的另一端插两根小竹棍，小竹棍的间距略小于作物的行距，使滴灌软管绕过小竹棍折回，至支管端，用细铁丝将其末端卡死。需要注意软管在铺放时一定不能互相扭转，以免堵水。另外，如果结合地膜覆盖，在铺放软管时滴孔要朝上。

待整个系统安装完毕后，通水进行耐压试验和试运行，并检查管网是否漏水，确认无漏水，回填地下输水干管沟槽，检查首部枢纽运行是否正常。观察软管喷水的高度即检查软管出水是否均匀平衡，支管与软管之间是否畅通，确认没有问题后，再在畦上覆盖地膜。

（三）滴灌系统的管理与维护

为了确保滴灌系统的正常运行，延长滴灌设施的使用年限，关键是要正确使用、维护和良好管理。

（1）初次运行和换茬安装后，应对蓄水池、水泵、管路等进行全面检修、试压，以确保滴灌设施的正常运行。对蓄水池等水源工程要进行经常维修养护，保持设施完好。对蓄水池沉积的泥沙等污物应定期洗刷排除。水源中不得有超过0.8mm的悬浮物，否则要安装过滤装置。

（2）对水泵要按水泵运行规则进行维修和保养，在冬季使用时，注意防止冻坏水泵。

（3）滴灌运行期间，要定期对软管进行全面彻底的冲洗，洗净管内残留物和泥沙。冲洗时，打开软管尾端的扎头或堵头。冲洗好后，再将尾端扎好，进入正常运行。

（4）每次施肥、施药后，一定要灌一段时间清水，以清洗管道。

（5）每茬作物灌溉期结束，用清水冲洗后，将滴灌软管取下，然后应将软管按棚、畦编号分别卷成盘状，放在阴凉、避光、干燥的库房内，并防止虫（鼠）咬、损坏，以备下次使用。

（6）对滴灌设施的附件，如三通、直通、硬管等，在每茬灌溉期结束时，三通与硬管连接一般不要拆开，一并存放在库房内。直通与软管一般不要拆开，可直接卷入软管盘卷内。

（7）软管卷盘时，原则上要按原来的折叠印卷盘，对有皱褶的地方应将其整平后再卷盘。

（8）由于软管壁较薄，一般只有0.2mm左右，因此，平时田间劳作和换茬收藏时，要小心操作，谨防划伤、戳破软管。并且卷盘时，不要硬拖、拉软管。

四、作业与思考题

1. 在设施内安装滴灌系统过程中，要注意哪些问题？

2. 滴灌系统是由哪几部分构成的？各部分的主要性能是什么？

3. 设计面积约为 $667m^2$ 的日光温室内配置滴灌系统的平面图1张。温室的尺寸为7.5m×89.25m，室内种植番茄。注明水源、支管的位置、毛管的数量和间距等。

第二章
设施果树栽培实验实训技能

项目十一 设施果树需冷量测定

一、概述

需冷量是指落叶果树打破自然休眠所需的有效低温时数，又称为低温需求量或需冷积温。从环境上讲，设施果树促成栽培，扣棚时间愈早，成熟上市时间愈提前，效益越高。但设施栽培中扣棚时间是有限制的，并不是无限提前和随意定的。因为，落叶果树都有自然休眠习性，如果低温累积量不够，达不到果树需冷量，没有通过自然休眠，即使扣棚保温，给予生长发育适宜的环境条件，果树也不会萌芽开花。有时尽管萌芽，但往往开花不整齐，生产周期长，坐果率低。因此，需冷量是决定扣棚时间的首要依据。满足果树的需冷量，使其通过自然休眠后扣棚是设施栽培获得成功的基础，只有这样才能使果树在设施条件下正常生长发育。需冷量的研究有助于生产者选择适于设施栽培的需冷量品种来提高栽培成功率。通过选择中低需冷量品种，无论自然解除休眠还是利用化学处理提前解除休眠，都大大提早了果实上市时间。

落叶果树的需冷量具有遗传性，因此不同树种、同一树种不同品种之间需冷量也存在差异；另外，需冷量也受外界因素的影响，即使是同一品种在不同年份间也存在差异，在不同地区间差异会更大，这说明需冷量与环境因子和植物自身的生态适应性都有关系。

目前，考察落叶果树能否顺利渡过自然休眠是以观察萌芽率等生物学发育状况为标准，因而需冷量的估算就是以树体物候表现为基础。测定一个品种在某地需冷量时，主要是确定其自然休眠结束期。果树自然休眠期结束的时间可用花枝水培法和盆栽法确定。目前测定方法基本是在不同时期从田间采枝，分别在室内或日光温室培养，确定休眠解除日期。培养的枝条若萌芽、开花速度快而整齐，则说明低温需求量得到满足；若萌芽但不开花或根本不萌动，则说明低温需求量未得到满足。

目前主要的几种需冷量估算模型有：

1. 0~7.2℃模型

该模型以秋季日平均温度低于7.2℃的日期为有效低温累积的起点，以打破生理休眠所需7.2℃或以下的累积低温值作为品种的需冷量。

2. 犹他模型

该模型规定对破眠效率最高的最适冷温一个小时为一个冷温单位；而偏离适期适温的对破眠效率下降甚至具有副作用的温度其冷温单位小于1或为负值。以秋季负累积低温单位绝对值达到最大值时的日期为有效低温累积的起点，单位为C.U.。只有当积累的冷温单位之和达到或超过最低需冷量时间时，才能解除休眠，进行促成栽培。目前该模型相对来说是较为完善的，也是应用最普遍的。

3. 动力学模型

其计算比较复杂，目前在国内应用还比较少。

目前的几种需冷量估算模型是为了描述温度和芽休眠之间的数量关系。综合目前几种不同的需冷量估算模型，均是在气候数据的基础上预测给定地区的芽萌发时间。对果树芽内休眠结束时间的估算，究竟采用上述哪种模型比较适宜一直是人们讨论的一个话题。本项目以0~7.2℃模型和犹他模型估算落叶果树的需冷量。

二、目的与要求

通过需冷量的测量，了解落叶果树需冷量估算模型，了解常见落叶果树需冷量，掌握落叶果树需冷量的估算方法。

三、材料与用具

1. 树种材料

葡萄、桃等落叶果树一年生成熟枝条。

2. 用具

光照培养箱、修枝剪、温度自动记录仪、广口瓶。

四、内容与方法

(一) 休眠结束日期的确定

试验从11月15日左右开始每隔10d采集一次，选取主枝（蔓）中部较为充实的枝条，将剪下的枝条带回实验室，剪成小段，每段1个芽，每处理30个芽以上，插入基质（蛭石），放入人工气候室进行萌芽观察。

人工气候室条件：温度25℃，每天光照10h，湿度60%。每天观察一次萌芽情况，培养 30d 左右统计萌芽率。

观察标准：1 级（未萌动），2 级（绒球状），3 级（露绿），4 级（叶伸出），5 级（展叶）。

统计与计算标准：萌芽率＝（露绿芽数/总芽数）×100％

萌芽率达到 50％～60％之间批次样品的采样时期为休眠结束日期，即满足需冷量的计算日期。若萌芽率介于 60％～70％之间，则本次采样培养和上次采样培养之间的中间日期即为生理休眠解除日期。

（二）田间实际温度测量日平均温度＜7.2℃初始日期的确定

果园 24h 温度变化记录利用放置于果园的温度自动记录仪，从 10 月下旬开始记录至第二年萌芽前。根据果园的实测温度计算日均温度，以日平均温度低于 7.2℃的日期为有效低温累积的起点。也可以利用当地气象资料分析。

（三）需冷量的计算

需冷量的计算按照 2 种不同模型进行，分别是：

① 0～7.2℃模型：以经历 0～7.2℃的时间累加值，单位：h（小时）。

② 犹他模型：以破眠效率最高的最适冷温一个小时为一个冷温单位（C.U），而偏离适温的对破眠效率下降甚至具有副作用的温度其冷温单位小于 1 或为负值，具体转换关系见表 11-1。

表 11-1　犹他模型中温度与冷温单位转换

温度/℃	冷温单位/C.U	温度/℃	冷温单位/C.U
＜1.4	0	12.5～15.9	0
1.5～2.4	0.5	16.0～18.0	−0.5
2.5～9.1	1	18.1～21.0	−1.0
9.2～12.4	0.5	21.1～23.0	−2.0

五、作业与思考题

1. 计算供试品种的需冷量，查阅文献比较同一树种不同品种在不同地区需冷量的差异。

2. 分析两种需冷量模型的优缺点。

项目十二　果树休眠及人工破眠技术

一、概述

休眠是指任何含有分生组织的植物器官，其可见生长的暂时停止。休眠是一种相对现象，并非绝对地停止一切生命活动，它是植物发育中的一个周期性时期。落叶果树冬季休眠是在长期的系统发育进程中形成的，是对逆境的一种适应性。根据休眠的生理活性可分为自然休眠和被迫休眠。自然休眠指即使给予适宜生长的环境条件仍不能萌芽生长，需要经过一定的低温条件，解除休眠后才能正常萌芽生长的休眠。被迫休眠指由于不利环境条件（低温、干旱等）的胁迫而暂时停止生长的现象，逆境消除即恢复生长。

落叶果树进入深度自然休眠后，需满足需冷量完成自然休眠才能正常生长发育；如果需冷量得不到满足，植株不能正常完成自然休眠全过程，必然引起生长发育障碍。即使条件适宜，也不能适期萌发，或萌发不整齐，并引起花器官畸形或严重败育，影响果品的产量和品质，降低经济效益。

在设施果树生产中，自然休眠是限制花期及调控产品上市时间的主要因素，提早扣棚升温需要人工打破休眠。而随着果树跨区域引种及栽培范围的扩大，部分较温暖地区常出现冬季有效低温累积不能完成自然休眠而导致其生长发育异常，使生产受到严重影响，这也需要人工破眠技术。

当落叶果树处于浅休眠期时，有许多物理和化学方法可解除休眠。当处于深休眠时，尚没有解除休眠的有效措施。落叶果树只有在满足需冷量的条件下才能正常开花结果。果树进入深休眠后，可采用物理方法解除休眠，主要采取简单经济的人工措施，创造解除休眠所需的低温环境。通过喷水蒸发冷却降低温度，促进休眠结束。白天盖膜覆草苫、夜间揭苫开膜的方法人为创造低温环境，使果树提前进入休眠期而启动低温需求的生理生化过程。在果树落叶后，随即采用冰块降温的办法为辅助，以促使温室内的果树尽快渡过休眠期。利用冷库处理，可以补充已经花芽分化果树枝条低温的需求，然后可用于低纬度低温不足的地区或设施栽培中应用。

自20世纪40年代以来，人们已经开始用外源化学物质替代低温处理以解除果树的休眠。已经发现一些化学药剂有利于芽的萌发生长。目前，生产上常用的破眠的化学物质有以下几种：含氮化合物、含硫化合物、矿物油类和植物生长调节剂类。其中实际生产中石灰氮和单氰胺应用较普遍。

二、目的与要求

了解果树休眠现象，掌握人工反保温技术、单氰胺等处理破除休眠的方法。

三、材料与用具

1. 材料

葡萄、桃、樱桃等落叶果树，温室或塑料大棚，石灰氮、单氰胺。

2. 用具

天平、记号笔等。

四、方法与技术

(一) 人工破眠技术

人工破眠技术是利用温室的保温性能创造人工低温集中预冷的促眠技术。

在秋末，当露地温度在 7.0～8.0℃时开始扣棚，同时覆盖保温被或草苫。只是保温被的揭放与正常设施栽培时正好相反，夜晚揭开草苫，开启棚内风口作低温处理，降低棚内温度；白天盖上草苫并关闭风口，保持夜晚所蓄积的冷量，尽可能创造 0～7.2℃的低温环境。大多数落叶果树按此种方法集中处理 20～30d，便可顺利通过自然休眠，以后进行设施栽培即可。这种方法简单有效、成本低，是生产上广泛采用的技术。

(二) 药剂破眠技术

单氰胺的学名是氨基腈，简称氰胺，是设施栽培中应用较为普遍的一种破除休眠药剂。南方落叶果树一般施用时间为正常发芽前 45～50d。北方温室葡萄、大樱桃、油桃等可在扣棚升温后 1～2d 内使用。使用时注意晚霜，避免露地栽培过早发芽而受到晚霜危害。施用时严格把握施用时期和浓度，由于核果类果树为纯花芽，鳞片的保护能力差，喷药时如果施用浓度不当，可能会出现药害。将药液配好后，直接用喷雾器喷洒或用刷子或脱脂棉蘸取配制好的溶液，均匀涂抹在枝芽上，使用的原则是芽芽见药、均匀喷施、不得重复。低压喷涂至枝条湿透。涂抹是以毛笔或小刷子蘸药液涂抹休眠枝条或蔓。蘸药液点芽以湿透芽眼为好。最好保留顶端 2 个芽眼不涂抹药以保持它的顶端优势。

单氰胺等化学药剂处理不能完全代替低温打破果树休眠，是在低温打破休眠后期代替部分低温的处理。另外，单氰胺是强碱性溶液，本身也是一种落叶剂，可使绿叶枯萎，使用时注意安全，并避免喷洒到相邻正在生长的作物上。

五、作业与思考题

1. 制订日光温室栽培桃打破休眠的技术方案。
2. 在秋季来临之前，如何阻止日光温室栽培果树进入休眠？

项目十三 设施果树常见树种识别

一、目的要求

我国的落叶果树分布范围很广，树种较多，资源丰富。本书中提出的识别设施果树树种的方法是从植物形态方面来掌握落叶果树主要树种的特征，以培养学生认识树种的能力，为学习设施果树栽培学课程奠定基础。

二、材料与用具

1. 材料

(1) 果树植株　在温室选择生长发育正常的果树植株，事先挂牌注明树种名称以便于识别。主要的设施栽培的落叶果树树种有桃、杏、樱桃、葡萄、无花果、石榴、枣等。

(2) 标本　设施中没有的果树枝、叶、花、果实的蜡叶标本和浸制标本。

(3) 多媒体课件　教师制作的各树种多媒体图片。

2. 用具

记载用具。

三、步骤与方法

通过观察设施中的果树植株或实验中的标本，结合观看多媒体图片演示，主要掌握各种果树的植物形态基本特征，识别各种果树。观察记载内容如下：

(1) 树性：乔木、小乔木、灌木、藤本、多年生草本。

(2) 树形：圆头形、圆锥形、半圆形、扇形等。

(3) 树干：光滑度、色泽、树皮裂纹等。

(4) 新梢：色泽、茸毛、皮孔、卷须。

(5) 叶片：大小、形状、叶柄、叶缘、色泽、茸毛。

(6) 叶芽：形状、着生状态、主芽、副芽。

(7) 花芽：形状、着生状态、单芽、复芽。

(8) 花：花序、花序花朵数、色泽、雄蕊、雌蕊、子房。

(9) 果实：大小、形状、色泽。

(10) 种子：大小、形状、色泽。

四、作业与思考题

1. 将观察结果记载于主要果树树种形态特征记载表（表13-1）内。

2. 比较核果类、浆果类等果树的主要区别。

表13-1　主要果树树种形态特征记载表

果树名称					
树性					
树形					

续表

树干	色泽							
	光滑度							
	树皮裂纹							
新梢	色泽							
	茸毛							
	皮孔							
叶芽	形状							
	着生状态							
	主芽							
	副芽							
花芽	形状							
	着生状态							
	主芽							
	副芽							
叶片	形状							
	茸毛							
	色泽							
	叶柄长短							
花	花序、单花							
	色泽							
	子房位置							
果实	大小							
	形状							
	色泽							
种子	大小							
	形状							
	色泽							

项目十四 设施果树生长结果习性观察

一、目的与要求

果树的生长结果习性是制订果树栽培管理技术的主要依据，了解和掌握各种果树的生长结果习性是学习和研究果树栽培的基础。通过实践要求初步掌握观察果树生长结果习性的方法，比较各树种间生长结果习性的差异。

二、材料与用具

1. 材料

葡萄、桃、杏、枣、樱桃等设施栽培果树，选择幼树期和盛果期的正常植株进行观察。

2. 用具

皮尺、钢卷尺、计数器、游标卡尺、放大镜、记载表。

三、步骤与方法

果树的生长结果习性涉及的内容很多，观察主要在休眠期、开花期和新梢果实生长发育期进行，也可结合物候期同时进行观察。

观察果树生长特性和结果习性的主要项目如下：

（一）生长特性

（1）树势：强健、中庸、衰弱。

（2）树姿：直立（多数骨干枝分枝角度小于 40°）、开张（多数骨干枝分枝角度在 66°～85°）、半开张（多数骨干枝分枝角度在 40°～65°）、极开张（多数骨干枝分枝角度在 85°以上）。

（3）干性：强、较强、弱。

（4）层性：较强、较弱。

（5）萌芽率：叶芽萌发的比例。

（6）成枝力：叶芽萌发形成长枝的比例。

（7）新梢生长量：新梢长度、新梢粗度。

（8）秋梢或副梢：有、无。

（二）结果习性

（1）花芽：类型（混合花芽、纯花芽），着生部位（顶端、叶腋间）。

（2）花序：类型（伞形总状花序、伞房花序、圆锥花序、总状花序、聚伞花序），着生位置（结果新梢顶端、叶腋间），花数。

（3）果实着生部位：结果新梢顶端、叶腋间、一年枝节上。

（4）结果枝：主要结果枝（长果枝、中果枝、短果枝、花束状果枝），连续结果能力（强、弱）。

（三）桃（或李子、杏、樱桃）

（1）观察树形（杯状形、漏斗形、半圆形、圆头形）、干性强弱、分枝角度、中心干及层性明显程度等。找出核果类果树树体结构的特点。

（2）调查萌芽率和成枝力，一年分枝次数。观察其枝条疏密度及不同树龄植株的发枝情况，找出其生长及更新规律。

（3）明确徒长性果枝、长中短果枝及花束状果枝的划分标准。观察各种果枝的着生部位及结果能力，不同树龄植株结果部位变动的规律。

（4）观察纯花芽的类型，每花芽内花数，叶芽和花芽排列的形式。对比核果类的长中短果枝、花束状果枝和花簇状果枝上叶芽和花芽的排列形式。

（5）观察核果类花的类型和结构。

（四）葡萄

1. 葡萄是多年生蔓性植物，观察其树体结构特点，明确各部位的名称。

（1）主蔓和侧蔓 从主干上或地面直接分出一至几个蔓，形成植株的骨干叫主蔓，主蔓上的大分枝叫侧蔓。

（2）结果母枝 着生结果新梢的枝条叫结果母枝。

（3）结果枝（结果新梢） 着生花序的新梢叫结果枝（结果新梢）。

2. 观察葡萄芽眼的类型、形态特点、着生部位及萌发规律。

（1）冬芽和夏芽 冬芽外被鳞片，在正常情况下越冬后萌发，抽生结果枝或发育枝。夏芽又叫裸芽，着生在冬芽旁侧，这种芽无鳞片包被，不能越冬，当年形成当年萌发成副梢。

（2）主芽和后备芽 每一个冬芽由一个主芽和 3～8 个以上的后备芽（又叫预备芽、副芽）组成。

（3）潜伏芽 葡萄冬芽中的主芽或后备芽当年不萌发，而成为潜伏芽，在适宜条件下可陆续萌发。

3. 调查葡萄的萌芽规律：双芽及三芽萌发情况、冬芽和夏芽的萌发特点、年生长次数、年生长量等，找出其生长规律和特点。

4. 观察葡萄的结果部位：结果母枝上不同部位抽生结果枝的能力，结果枝上果穗的着生部位，副梢结果情况。

5. 观察葡萄花的结构：两性花、雌能花（雄蕊发育不完全）、雄能花（雌蕊发育不完全）、闭花受精现象。

（五）枣

（1）观察枣的主芽和副芽着生部位。

（2）观察枣的花序和花器形态。

（3）观察枣的几种枝条：枣头（发育枝）、二次枝、三次枝、枣股（结果母枝）、枣吊（结果枝）。

（4）观察和了解枣的芽（主芽、副芽）和枣的枝条（枣头、枣股、枣吊）的相互关系，不同类型枝之间的转化关系。

（5）观察与了解枣头的着生部位，不同年龄时期的枣头连续生长能力，枣头的生长与扩大树冠的关系，枣头的衰老与更新。

（6）观察与了解不同部位枣头上二次枝生长特点（永久性二次枝和脱落性二次枝），二次枝与结果的关系。

（7）观察和了解枣股的着生部位、生长特点，枣股的年龄与结实力的关系，枣股的衰老与更新。

（8）观察和了解枣吊的着生部位、生长特点，枣吊的着生部位与结果的关系。

四、作业与思考题

1. 整理各种果树的结果习性，并填写主要果树生长结果习性记载表（表 14-1）。
2. 对比核果类、浆果类果树生长结果习性的主要不同点。

表 14-1　主要果树生长结果习性记载表

果树名称							
树势							
树姿							
干性							
层性							
萌芽率							
成枝力							
新梢生长量	长度						
	粗度						
秋梢或副梢							
花芽	类型						
	着生部位						
花序	类型						
	着生部位						
	花数						
果实着生部位							
结果枝	主要结果枝						
	连续结果能力						

项目十五　设施果树树体结构与枝芽特性观察

一、目的与要求

果树的树体结构和枝、芽特性不仅直接影响果树各部分器官的生长发育规律、果实产量和质量，而且是制订各项栽培管理技术的依据。通过观察，要求明确果树的树体结构及各部分的名称，熟悉果树枝、芽的类型和生长特性。

二、材料与用具

1. 材料

选择乔木类果树桃（樱桃、杏）、枣和藤本类果树葡萄生长正常的幼树和盛果期植株。

2. 用具

皮尺、钢卷尺、放大镜、修枝剪、记载和绘图用具。

三、步骤与方法

本项目应在不同物候期分次进行观察。

（一）观察果树地上部分结构

1. 乔木类果树

（1）主干　地面至第一主枝。

（2）中心干　树冠中的主干垂直延长部分。

（3）主枝　中心干上的永久性枝。

（4）侧枝　主枝上的永久性分枝。

（5）骨干枝　组成树冠骨架的永久性枝的统称，如中心干、主枝、侧枝等均称骨干枝。

（6）延长枝　各级骨干枝先端的延长部分。

（7）结果枝组　由结果枝与生长枝组成的一组枝条。

2. 藤本类果树

（1）主干　自地面到第一分枝。

（2）主蔓　主干上分生的永久性大枝。

（3）侧蔓　主蔓上分生的枝。

（二）观察果树枝条和芽的类型

1. 生长枝类型

（1）一年生枝　落叶以后到萌芽以前的枝条。

（2）二年生枝　一年生枝春季萌发后称二年生枝。

（3）新梢　落叶以前的当年生枝。

（4）副梢　二次枝以上的枝条的统称。

（5）春梢　春季芽萌发至第一次停止生长形成的一段枝条。

（6）秋梢　春梢停止生长或形成顶芽之后继续萌发生长的一段枝条。

（7）一次枝　春季萌芽后第一次生长的枝条。

（8）二次枝　当年由一次枝上抽生的枝条。

（9）营养枝（生长枝）　所有生长枝的总称，包括长、中、短三类生长枝、叶丛枝、徒长枝。

（10）长枝　生长较健壮的一年生枝。仁果类一般指未形成花芽，长度在15cm以上。中枝，长度5～15cm。短枝，长度在5cm以内。

（11）徒长枝　树冠内萌发出来的垂直生长的枝条。生长快，节间长，组织不充实，多由潜伏芽发出。

（12）叶丛枝　节间短，叶片密集，常成莲座状的短枝，长度1～3cm。

（13）结果枝　着生花芽的枝条。

（14）果台　苹果、梨着生果实部位膨大的当年生枝。

（15）果台副梢　结果枝开花结果后，由果台上抽出的新梢。

2. 结果枝类型

（1）桃（樱桃）　徒长性果枝，长度60cm以上；长果枝，长度30～60cm；中果枝，长度15～30cm；短果枝，长度5～15cm；花束状果枝，长度5cm以下，节间明显可见；花簇状果枝，长度在2～3cm以下，节间极短而不可分，长成一簇。

（2）葡萄　结果母枝：落叶后的新梢称一年生枝，也称结果母枝，结果冬芽抽生的带有果穗的枝。

3. 芽的类型

（1）花芽　开花或开花结果的芽。

（2）叶芽　萌发枝叶的芽。

（3）混合芽　一个芽内包括枝、叶和花（图15-1）。

（4）纯花芽　一个芽内只有花器。

（5）腋花芽　在新梢叶腋间形成的花芽。

（6）单芽　在一个节位上着生一个芽。

（7）复芽　在一个节位上着生2个以上的芽。

（8）潜伏芽　一年生枝上未萌发潜伏下来的芽。

（9）冬芽　葡萄叶腋间外被鳞片的芽，内部由多个芽组成，中间为主芽，周围有预备芽。一般越冬后萌发，也可当年萌发。

（10）夏芽　葡萄叶腋间没有鳞片包被的裸芽，当年形成后当年萌发为副梢。

（三）观察果树枝、芽生长特性

1. 顶端优势

位于枝条顶端的芽或枝条，萌芽力和生长势最强，而向下依次减弱的现象，称

图 15-1　混合花芽和纯花芽

为顶端优势。枝条越是直立,顶端优势表现越明显。水平或下垂的枝条,由于极性的变化,顶端优势减弱,被极性部位所取代。

2. 芽的异质性

在一个枝条上,芽的大小和饱满程度有很大差别,叫作芽的异质性。在一个正常生长的生长枝上,一般基部芽的质量差,中上部芽的质量好,而近顶端的几个芽的质量较差。在有春秋梢生长的枝条上,除有上述规律外,在春秋梢交界处,节部芽极小,质量很差,或甚至无芽,叫作盲节。

3. 芽的早熟性

果树的芽形成的当年即能萌发者称芽的早熟性。具有早熟性芽的树种或品种一般萌发率高,成枝力强,发芽形成快,结果早。

4. 萌芽率和成枝力

一年生枝条上芽的萌发数量的比例叫萌芽率。而萌发的芽抽生 15cm 以上长枝的能力叫成枝力。

5. 层性

果树树冠的中心干上,主枝分布的成层现象叫作层性。不同树种或品种的果树,由于顶端优势强弱、萌芽率和成枝力的不同,层性的明显程度有很大差异。

6. 分枝角度

枝条抽出后与其着生枝条间的夹角称为分枝角度。由于树种或品种不同,分枝角度常有很大差异。在一年生枝上抽生枝条的部位距顶端越远，则分枝角度越大。

四、作业与思考题

1. 绘制桃（樱桃、杏）、葡萄、枣的树体结构图，并注明各部分名称。
2. 通过观察，说明桃（樱桃、杏）、葡萄、枣的枝芽特性有何异同点。

项目十六 设施果树花芽分化观察

一、目的与要求

果树每年稳定地形成数量适当、质量好的花芽，才能够保证早产、高产、稳定和优质。为此观察研究花芽分化规律十分重要。本项目通过对花芽分化不同阶段的花器官分化状况的观察，要求初步学会观察花芽分化的徒手切片及镜检技术。

二、材料与用具

1. 材料

采用花芽分化各个时期的桃的结果枝，桃花芽分化各个时期的固定切片，染色剂刚果红或番红。

2. 用具

显微镜或解剖镜、刀片、镊子、解剖针、烧杯、培养皿、载玻片、盖玻片、蒸馏水、绘图用具。

三、步骤与方法

（一）制作切片

制作徒手切片按采样时期顺序取桃的结果枝，用镊子由外及里剥去花芽鳞片，保留柔软苞片，露出花序原始体，然后用刀片从花序原始体的左上方轻轻往右下方切割，切割的花序原始体小片，愈薄愈好。1个花序原始体可连续切割数片，将切下的薄片放入盛水的培养皿中。1个花序原始体切割完毕后，将培养皿中的小薄片依次排列于载玻片上，用1%的刚果红染色，1～3min后用清水洗净，加上盖玻片，即可在显微镜下观察。如无染色剂，也可直接在显微镜下观察。

（二）镜检观察

将制成切片置于双目立体显微镜或低倍显微镜下依次检查，并与标准固定切片相对照，以识别花芽分化所处的时期。

桃的花芽分化时期：

（1）未分化期　生长点平坦，四周凹陷不明显。

（2）花芽分化期　生长点突起肥大。

（3）花萼分化期　生长点四周产生突起，出现花萼原始体。

（4）花瓣分化期　花萼原基伸长，其内侧基部产生突起，出现花瓣原始体。

（5）雄蕊分化期　花瓣原始体内侧出现雄蕊原始体。

（6）雌蕊分化期　在中心部分产生突起，出现雌蕊原始体。

四、操作技术

1. 切片观察时间

于花芽分化始期或花芽分化后期，直接从果树上采集花芽进行徒手切片观察。从花芽分化始期观察，能加深对花分化开始时期和花芽、叶芽在分界期芽的解剖区别的掌握；从花芽分化后期观察可以看到花芽分化到后期，花器的分化状态。切片数量少，较省时间。

2. 徒手切片的制法

切片观察花芽分化，一般用纵切。纵切时，不论何种果树，凡是顶花芽，都要先从芽的基部自枝条上切下；如果花芽是侧芽，芽体较大的，如梨，也可以将芽从枝条上切下；如果是芽体较小的侧花芽，如桃、柑橘，为了切片时方便，不要把芽从枝条上切下，而是在芽的下部紧靠芽将枝条切断，再在芽的上部 2～3cm 处将枝条切断，以便手指能拿住这段枝条。但对直接从枝条上切下的芽切片时，一手用拇指和食指捏住芽的侧面，芽尖朝向身体，另一手捏住刀片，刀刃向身体，由芽的基部向芽的尖端，由芽的一侧开始，一片一片地切，切到芽的近中心部分，更要小心。切片越薄越好。切片时芽和刀要蘸水。刀要向一个方向用力，不要像拉锯那样来回拉动。有的果树芽鳞片较硬，如苹果、梨、桃等，切片不易切薄，可先将芽外部革质化的鳞片切去，并把芽尖端切除，再行切片。侧芽附着于枝上切片时，一手侧握枝条，芽尖向下，向身体，另手持刀，也从芽基部向芽尖方向切，切法同上。切片时要注意切面与芽的中轴线保持平行。

3. 镜检观察

一个芽切到近中心部位时，每切下一片，不论切得厚薄或完整与否，都不要丢弃，每一片都要按顺序整齐地排列在载玻片上。待一个芽切完，再盖上一片载玻片，并在两片载玻片之间滴上蒸馏水，然后用低倍镜按切片排列顺序依次观察，找寻通过芽中央的切片。如果切片较厚，需要观察的组织看不清时，还可以把两片载玻片一起翻过来，从另一面观察。用两片载玻片盖压切片，就是为了便于从两面观察。

选到适合的切片后，弄清花芽的分化状态和各组成器官，并绘图。

五、作业与思考题

1. 绘制桃的花芽切片图，注明分化时期及花器各部分名称。
2. 设施栽培对桃花芽分化有何影响？

项目十七 设施果树物候期观察

一、目的与要求

果树物候期标志着果树与外界环境的矛盾统一。开展主要果树的物候期观测，积累相关资料，对各地果树物候期预报及制订适合物候期变化的技术措施具有重要作用，同时物候期是制订果园周年管理技术措施的重要依据。本实践要求熟悉物候期观察的项目和方法，并掌握当地几种主要果树的年周期生长发育规律。

二、材料与用具

1. 材料

桃（樱桃、杏）、葡萄等在当地有代表性的果树品种植株，每品种 3～5 株进行观察。

2. 用具

皮尺、钢卷尺、卡尺、放大镜、记载表格等。

三、步骤与方法

（一）物候期观察注意事项

（1）物候期观察准备工作应在萌芽期之前完成，如选定植株挂牌标记、制订记载项目和表格、随着物候期的进程进行观察记载。

（2）观察间隔时间，萌芽至开花期一般间隔 2～3d，生长期一般 5～7d，开花期进程较快，一般需每天观测。

（3）有些项目的完成要求配合定期测量，如枝条加长、加粗生长、果实体积增大、叶片生长等应每隔 3～7d 测量一次，画出曲线图，才能看出生长高低峰的节奏。有的项目需定期取样观察，如花芽分化期应每隔 3～7d 取样切片观察。

（二）主要树种物候期观察项目及标准

（1）桃（杏、樱桃）物候期的观察项目和标准见表 17-1。由于核果类是纯花芽，花芽物候期分为无花芽开绽、花序露出及花蕾分离期、露萼期和露瓣期。记载标准如下：

① 花芽膨大期　春季花芽开始膨大，鳞片开始松包。

② 露萼期　花萼由鳞片顶端露出。

③ 露瓣期　花瓣由花萼中露出。

④ 初花期　全树 5％的花开放。

⑤ 盛花期　全树 25％的花开放为盛花始期，50％花开放为盛花中期，75％的花开放为盛花末期。

⑥ 谢花期　全树有 5％的花的花瓣脱落为谢花始期，95％以上的花的花瓣脱落为谢花终期。

⑦ 落果期　记载落果开始到基本落尽的时期。

⑧ 硬核期　通过对果实的解剖，记载从果核开始硬化（内果皮由白色开始变黄、变硬、口嚼有木渣）到完全硬化。

⑨ 果实成熟期　全树大部分果实成熟。

⑩ 新梢生长始期　新梢叶片分离，出现第一个长节。

⑪ 副梢生长始期　一次梢上副梢叶片分离，节间开始伸长。

⑫ 新梢生长终期　最后一批新梢形成顶芽。

⑬ 落叶期　秋末全树有 50％的叶片正常脱落为落叶始期，95％以上的叶片脱落为落叶终期。

表 17-1　桃（杏、樱桃）物候期观察记载表　　地点：　　年份：　　观察人：

调查项目	花芽膨大期	露萼期	露瓣期	初花期	盛花期	谢花始期	谢花终期	落果期	硬核期	果实成熟期	新梢生长始期	副梢生长始期	新梢生长终期	落叶始期	落叶终期	备注
观察结果																

（2）葡萄物候期观察记载表见表 17-2，葡萄记载标准如下：

① 伤流期　以春季萌芽前树液开始流动时，枝条新剪口流出液体成水滴状时为准。

② 萌芽期　以芽外鳞片开始分开，鳞片下茸毛层破裂，露出带红色或绿色的嫩叶时为准。

③ 花序出现期　结果新梢生长，露出花序时为花序出现期。

④ 开花期　花冠呈灯罩状脱落为开花。当全树 1～2 个花序内有数朵花的花冠脱落为初花期，全树有 50％花的花冠脱落为盛花期，有 95％花的花冠脱落为终

花期。

⑤ 新梢开始成熟期　新梢（一次梢）基部四节以下的表皮变为黄褐色。

⑥ 果实成熟期　全树有少数果粒开始呈现出品种成熟固有的特征时为开始成熟期，每穗有90％的果粒呈现品种固有特征时为完全成熟期。

⑦ 落叶期　秋末全树有5％的叶片正常脱落为落叶始期，95％以上的叶片脱落为落叶终期。

表17-2　　葡萄物候期观察记载表　　　地点：　　　　　年份：　　　　观察人：

调查项目	伤流期	萌芽期	花序出现期	初花期	盛花期	终花期	新梢开始成熟期	开始成熟期	完全成熟期	落叶始期	落叶终期	备注
观察结果												

四、实习提示和方法

（1）实习前根据当地栽培的树种，确定观察树种及其观察项目。主要树种可选2～3个代表性品种，作较详细的观察；次要树种，可选主要项目观察，如萌芽期、开花期、果实成熟期、落叶期等。主要果树可多观察一些品种，每品种只观察萌芽期、开花期、果实成熟期。某一物候期作详细观察时，可分为几个时期，如开花期可分为初花期、盛花期、终花期等。如作简要观察，可以始期（初花期）作为开花期记载。

（2）实习应在春季发芽前布置和讲解观察的项目和标准。具体的观察应利用业余时间进行。

（3）如观察的树种、品种较多，可以分组分人进行观察。每人以不超过2～3个树种，10个品种为宜。观察前要印制或绘制好观察记载表格。

（4）观察的树种品种要事先选定观察的植株。植株应选生长健壮的结果树，地点不要太远，以便于学员利用业余时间进行观察。地势、土壤、植株年龄影响物候期的早晚，因此同一树种不同品种的植株，应尽可能选条件比较一致的进行观察。每品种选定2～3株，并做好标记，注明品种名称，以便于观察。

（5）观察时间间隔的长短，根据果树一年中生长发育进程的快慢和要求观察项目的繁简而定。一般萌芽至开花期每隔2～3d观察1次，开花期每天或隔天观察1次；其他时间可每隔5～7d观察1次。

五、作业与思考题

1.选择1～2个果树品种进行周年物候期观测，结束后整理出物候期记载表。

2.分析比较不同种类果树物候期的共同特点和不同点。

项目十八　设施果树果实结构观察

一、目的与要求

果树生产的目的就是要生产果实，而不同种类果树的果实差别很大。通过本项目对主要果实的解剖构造、可食用部分与花器各部发育的关系、果实生长特征和特性的观察，了解各类果树果实构造的异同点，掌握主要果树果实的描述方法。

二、材料与用具

1. 材料

（1）桃（杏、樱桃）、葡萄、枣等新鲜果实。

（2）果实浸制标本。

（3）多媒体课件中的果实图片。

2. 用具

水果刀、放大镜、测糖仪、硬度计、铅笔、橡皮、绘图纸、钢卷尺、卡尺。

三、步骤与方法

（一）制作切片

将各类果实用水果刀切成纵剖面和横剖面，观察果实内各部构造。

1. 仁果类果实

以苹果为代表（图 18-1），果实主要由子房及花托膨大形成。子房下位，位于

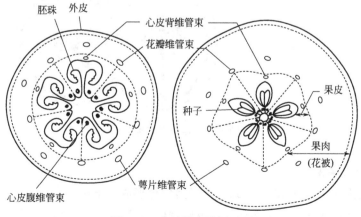

图 18-1　苹果果实横剖面图

花托内，由 5 个心皮构成。子房内壁革质，外、中壁肉质，可食部分为花托。

2. 核果类果实

以桃为代表（图 18-2），果实由子房发育形成。子房上位，由 1 个心皮构成。子房外壁形成外果皮，子房中壁发育成柔软多汁的中果皮，子房内壁形成木质化的内果皮（果核）。可食部分为中果皮。

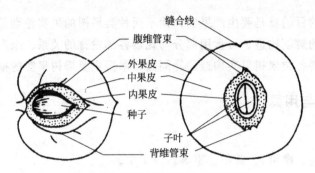

缝合线
腹维管束
外果皮
中果皮
内果皮
种子
子叶
背维管束

图 18-2　桃果实纵剖面和横剖面图

3. 浆果类果实

以葡萄为代表（图 18-3），果实由子房发育形成。子房上位，由 1 个心皮构成。子房外壁形成膜质状外果皮，中、内壁发育形成柔软多汁的果肉。可食部分为中、内果皮。浆果类果实因树种不同，果实构造有很大差异。除柿、猕猴桃、醋栗和穗醋栗的可食部分和葡萄相同外，草莓的可食部分为花托，树莓的可食部分为中、外果皮。

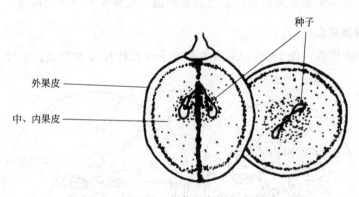

种子
外果皮
中、内果皮

图 18-3　葡萄果实构造

4. 坚果类果实

以核桃为代表（图 18-4），果实由子房发育形成。子房上位，由 2 个心皮构成。子房外、中壁形成总苞，子房内壁形成坚硬内果皮，可食部分为种子。

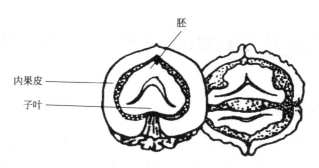

图18-4 核桃果实构造

（二）果实生长特征特性观察

1. 桃

选当地桃、蟠桃、油桃品种群的代表品种各一个。

（1）形状有扁圆形、圆形、长圆形。

（2）果顶果尖（大、小），平，凹。

（3）缝合线深、浅。

（4）果皮颜色（底色、彩色），茸毛多少，果皮厚薄，剥离难易。

（5）果肉颜色，近核处有无红丝。

（6）果核大小、形状、颜色。

（7）风味溶质，纤维多少，粘核，离核，甜、甜酸、酸，有无苦味。

（8）可溶性固形物含量（％）。

2. 葡萄

选当地主栽代表品种各一个。

（1）果穗大小，穗形（有无副穗），松紧。

（2）果粒颜色，形状（椭圆、圆形、倒卵圆形、鸡心形等），大小，果粉多少。

（3）果肉颜色，与果皮剥离的难易。

（4）种子大小，与果肉分离的难易。

（5）风味有无芳香味或草莓香味，甜、酸、甜酸，汁液多少。

（6）可溶性固形物含量（％）。

四、作业与思考题

1. 绘制出核果类、浆果类果实的纵、横剖面图，注明各部分名称及可食用的部分。

2. 填写各种果实特征特性记载表。

3. 分析比较各种类型果实结构的异同点。

项目十九 设施果树砧木种子识别及层积处理

一、目的与要求

许多落叶果树种子在秋季成熟后处于休眠状态，需经过一定时间的层积处理，才能通过后熟，种胚开始萌动而发芽。本项目要求了解主要设施果树砧木种子的外部形态、内部构造的特点，掌握种子生活力测定及层积处理的方法，以培育出优良的果树砧木。

二、材料与用具

1. 材料

山桃、山杏、酸枣等，干净的河沙，花盆或土箱，染色剂（0.1％靛蓝胭脂红或5％红墨水）。

2. 用具

烧杯（500mL）、培养皿、镊子、水桶、天平、台称、卡尺、铁锹、大缸、纤维袋等。

三、步骤与方法

（一）果树砧木种子的识别

1. 种子的外部形态观察

种子的外部形态观察包括对种子的形状、大小、色泽、表皮状况等的观察。

（1）种子的形状：圆形、卵圆形、椭圆形、盾形、心形、肾形、披针形、纺锤形、舟形、不规则形等。

（2）种子大小：一般分为大粒、中粒、小粒种子。种子大小的表示方法有三种。

① 用种子的千粒重表示：对于小粒种子，随机取种子1000粒，称其质量，以克（g）表示。

② 按每千克含的粒数表示：对于中粒或大粒种子，随机称取1kg或500g，数其所含粒数。

③ 用种子的纵横径表示：随机取砧木种子5～10粒，用卡尺测其纵径与横径，然后取其平均值。

（3）种子色泽：指种皮或果皮的颜色、有无光泽等。

（4）种子的表面状况：指种子表面是否光滑、有无茸毛、有无瘤状突起、有无皱纹、有无缝合线等。

2. 种子内部构造观察

（1）种皮：种子外面的保护结构，真正的种子的种皮是由胚珠形成；属于果实的种子，其所谓的种皮主要是由子房形成的果皮。

（2）胚：由卵细胞和精子结合后发育而成，植物体的雏形，由胚根、胚轴和胚芽组成。

（3）子叶：主要贮藏种子的营养。

（二）种子生活力的测定

1. 外部形态观测法

凡种子大小均匀一致、千粒重大、种仁饱满、表皮有光泽、无霉味，剥去种皮后，子叶呈乳白色、不透明并富有弹性，这样的种子为有生活力的种子，否则，即失去生活力的种子。

2. 染色法

随机取砧木种子 20 粒左右，首先在水中浸泡 10～24h，使种皮软化，然后剥去种皮，放入培养皿中的染色剂中（0.1%靛蓝胭脂红或 5%红墨水）。染色 2～4h，将种子取出后用清水冲洗，除去深色。最后检查胚和子叶的着色情况。凡种子的胚和子叶完全染色的，说明该种子已失去生活力；胚和子叶部分染色的，是生活力较差的种子；胚和子叶没有染色的，为有生活力的种子。最后统计具有生活力种子的比例，作为确定播种量的依据。

此外，亦可通过发芽试验，测定种子的生活力。

（三）种子的层积处理

1. 层积处理时期

层积处理时期一般根据当地的播种时期以及砧木种子所需的层积日数等因素来确定。以毛桃为例，如果当地的播种时期在 4 月上旬，砧木种子所需的层积日数为 100～120d，则开始层积处理的时期应在 12 月上旬。在满足砧木种子所需的最高层积日数（120d）的前提下，生产中一般在当地土壤封冻之前进行"层积处理"。特别需要注意的是："怕干"的种子（如樱桃）应在采收后马上进行层积。

2. 浸种

将大粒种子放入大缸中，加清水淹没种子，浸泡 2～3d，其间每天换一次水，小粒种子浸泡 24h，使种子充分吸水。

3. 挖层积沟

在背阴、高燥处挖一条宽度 100cm、深度 80cm、长度依种子数量多少而定的层积沟。

4. 拌沙

将种子体积 5～10 倍（大粒种子）或 3～5 倍（小粒种子）的洁净河沙拌水，沙子的湿度以手握成团、一触即散为宜，随后将浸水后的种子与湿沙混合均匀。

5. 层积

在沟底铺 5～10cm 厚的湿沙（湿度同前），再将混好沙子的大粒种子填入沟内，填至距地面 30cm 左右时覆一层纤维袋，最后上面覆土并高出地表 30cm 左右即可。小粒种子混沙后，装入适当大小的容器（如花盆、木箱）或纤维袋中，放入上述层积沟中。放入种子的同时，要从沟底向上垂直竖一草把，以利沟内通风，防止在沙藏中种子发生霉烂。

第二年播种前应经常检查种子的发芽情况，以便准确确定播种时期。小粒种子 60％～80％的种子胚根突破种皮（露白尖）时为最佳播种时机。大粒种子的种壳全部剥落时播种最好。如果临近播种期尚未达到上述标准，需要将种子与沙子一起放在背风向阳处，用塑料布覆盖保湿增温催芽，温度保持在 20℃ 左右，经常翻动，待达到上述发芽标准后进行播种。

种子层积到春暖时，要经常检查层积种子的容器内或层积沟内的温度和湿度，并进行洒水和翻拌，水分不足，种子不能如期萌动。种子的层积时间应与播种期一致，如层积过晚，不能如期播种；层积过早，大批种子已萌动而尚未到播种期，容易造成损失。

四、作业与思考题

1. 果树种子为何要进行层积处理？
2. 总结果树砧木种子层积的操作技术，写出实践报告。

项目二十　设施果树嫁接繁殖技术

一、目的与要求

果树嫁接是果树无性繁殖的方法之一，即采取优良品种植株上的枝或芽接到另一植株的适当部位，使两者结合而生成新的植株。通过本项目，了解果树嫁接成活的原理，学习果树芽接和枝接方法，熟练操作技术，掌握嫁接成活的关键技术要点。

二、材料与用具

1. 材料

桃、葡萄等果树供嫁接用的砧木和接穗，塑料布条，石蜡。

2. 用具

芽接刀、枝接刀、剪枝剪、铝锅、火炉或电炉。

三、嫁接原理及技术要点

（一）嫁接成活原理

当接穗嫁接到砧木上后，在接穗和砧木的伤口表面，受伤细胞的残留物形成一层褐色的薄膜覆盖着伤口。随后在愈伤激素的刺激下，伤口周围细胞形成层细胞分裂旺盛，并使褐色的薄膜破裂，形成愈伤组织。愈伤组织不断增加，接穗和砧木间的空隙被填满后，接穗和砧木愈伤组织的薄壁细胞就互相连接，将两者的形成层连接起来。愈伤组织不断分化，向内形成新的木质部，向外形成新的韧皮部，进而使导管和筛管也互相沟通，这样接穗和砧木结合为砧穗复合体，形成一个新的植株。

（二）果树嫁接技术要点

（1）选择最佳的嫁接时间：一般果树选择早春嫁接，更有利于幼枝生长和树冠的形成，还要注意嫁接果树的伤流期。

（2）接穗的采集要注意芽的质量及枝条年龄。

四、嫁接方法

（一）枝接法

1. 枝接时期

以春季萌芽前后至展叶期为宜。将接穗在冷凉处保存，只要不萌芽，可延长枝接时期，但嫁接时期越早越好。插皮接需要在树液流动且完全离皮后进行。

2. 准备工作

磨剪枝剪，先用粗磨石沿着刀片的弧面将剪刃磨薄、磨匀，随后用细（浆）石进行打磨，将剪刃打磨光滑（剪枝剪打磨完成后要保持原有刀片弧面的弧度）。

注意事项：①只打磨刀片的弧面，不要打磨平面部分；②最好不要将剪枝剪原有螺丝卸下；③剪钩部分不要进行打磨。

（1）准备、贮藏接穗：在果树休眠期选择品种纯正、健壮的一年生枝条留作接穗，每 50～100 根捆扎一捆，系好标签，进行低温沙藏。

（2）准备嫁接砧木：将生长健壮的 1～2 年生有关砧木留圃。

3. 接穗封蜡

将接穗剪成 8~10cm 长，着生有 3~4 个饱满芽的枝段，按品种分开。将石蜡打碎后放在锅中，用火炉加温熔化。当石蜡温度达到 110~120℃，手握接穗基部使芽体向下在石蜡液中迅速浸蘸 1~10s，使接穗表面形成一层极薄的蜡膜；蘸蜡后，按品种捆成捆待用。

4. 几种主要枝接方法

（1）切接法（图 20-1）

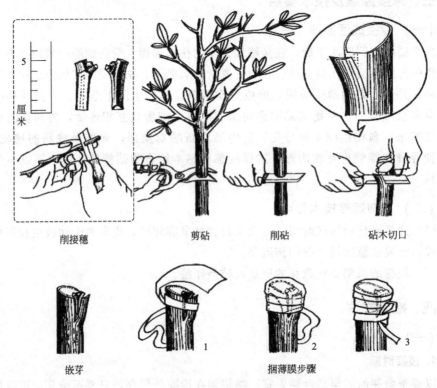

削接穗　　　　　剪砧　　　　削砧　　　　砧木切口

嵌芽　　　　　　捆薄膜步骤

图 20-1　切接法示意

① 削接穗　取蜡封好的接穗，将接穗基部两侧削成一长一短的两个削面。首先斜削一长约 3cm 的长削面，再在其对侧斜削长 1cm 左右的短削面，两削面均应光滑成楔形。

② 切砧木及嫁接　砧木从嫁接部位（距地面 3~5cm 处）截去上端，削平截面，选皮层光滑处由截口 1/3 处向下纵切，使切口长度与接穗长削面相适应。然后插入接穗，使砧、穗的形成层在一切面对齐，用塑料布包严捆紧。

（2）劈接法

当砧木较粗时常用劈接法（图 20-2）。

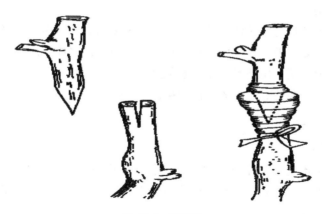

图 20-2　劈接法

① 削接穗　将接穗削成两个等长的斜削面并削成楔形，削面长 3cm 左右，削面要求整齐，并带皮层一侧较厚。

② 切砧木及嫁接　将砧木距地面 3～5cm 光滑处截去上端。削平断面，在砧木断面中心处用刀垂直劈下，深度略长于接穗削面。然后将砧木切口撬开，插入接穗。在一切口内，可靠皮层处插入左右两个接穗，均应使砧、穗形成层对准对齐。插入接穗时，较厚的一侧应在外面。接穗削面上端微露出，然后用塑料布将切口包严捆紧。

（3）皮下接（插皮接）

砧木较粗并易离皮时采用皮下接。

① 削接穗　在蜡封接穗的基部与顶端芽同侧削一舌形削面，削面长 3cm 左右，在其对面下端削去 0.2～0.3cm 的皮层。

② 切砧木及嫁接　砧木距地面 5cm 左右光滑处截去上端，用与接穗削面相似的竹签自形成层处垂直插下，取出竹签后，插入削好的接穗，使接穗削面微露出，以利愈合，最后用塑料布包严捆紧。

（4）搭接法（合接法）

砧木与接穗粗度相同时采用搭接法。

将接穗基部削成长 3～4cm 的舌形削面，砧木距地面 7～9cm 处截去上端，选皮层光滑处削成与接穗削面同等长短宽窄的舌形削面；然后将砧木和接穗的舌形削面对准对齐，似成一根枝条，用塑料布条绑紧包严。

（5）腹接法

将蜡封接穗基部削一长约 3cm 的削面，再在其对面削一长约 1.5cm 的短削面，使长削面厚，短削面稍薄。砧木不必剪断，选平滑处与砧木成 45°角斜切一刀，将接穗插入，使一面形成层对准对齐。将砧木从接口上端约 1cm 处剪断，最后用塑料布条包严绑紧。

（6）舌接法

接穗与砧木切法与搭接法大致相同，切面长度约 3cm，然后在接穗与砧木的切面上距尖端 1/3 处下刀，与削面接近平行切入一刀，使之成舌形，然后将砧、穗插合，对准对齐形成层，用塑料布条绑紧包严。

舌接法多用于葡萄、核桃的室内嫁接。

（二）芽接法

1. 芽接时期

凡接穗和砧木皮层能够剥离时均可进行，其中以 7～9 月份为主要芽接时期。核果类应适当提早（枣利用二年生枝基部的休眠芽做接芽时，应在花期嫁接）。

2. 几种主要的芽接方法

（1）"T"字形芽接（图 20-3）

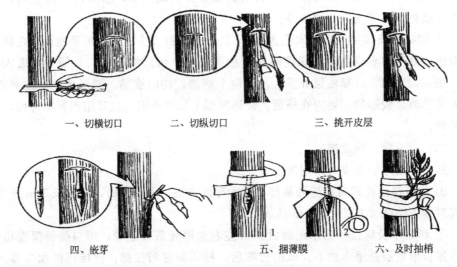

一、切横切口　　二、切纵切口　　三、挑开皮层

四、嵌芽　　五、捆薄膜　　六、及时抽梢

图 20-3　"T"字形芽接

① 削芽片　选充实健壮的一年生发育枝上的饱满芽为接芽。先在芽上方 0.5cm 处横切一刀，深达木质部，然后在芽的下方 1.5～2cm 处下刀，略倾斜向下推削到横切口，用手捏住芽的两侧，左右轻摇掰下芽片。芽片长度 2～2.5cm，宽 0.6～0.8cm，不带木质部。

② 切砧木　在砧木距地面 3～5cm 处选光滑部位用刀切 "T" 字形切口，深达木质部。横切口略宽于芽片，纵切口略短于芽片。

③ 嫁接和绑缚　用刀尖轻撬纵切口，将芽片顺 "T" 字形接口插入，使芽片上端对齐砧木横切口，然后用塑料布条自下而上绑紧包严，将叶柄露在外面。为区别品种，品种间可使用不同颜色的塑料布条。如果接穗的芽呈离生状态（如梨），绑缚时要将接穗的芽体与叶柄一同留在外面。

（2）方块芽接（图 20-4）

图 20-4　方块芽接

① 削芽片　在接穗上芽的上下 0.6～1cm 处各横切两个平行的切口，然后距芽 0.3～0.5cm 处两侧竖切平行两刀，切成长 1.2～2cm、宽 0.6～1cm 的方形芽片。

② 切砧木　按照接芽上下口距离，横割砧木皮层达木质部，向左或向右偏向一方，竖割一刀，掀开皮层。

③ 嫁接及绑缚　将芽片取下放入砧木切口中，对齐竖切的一边，然后竖切另一边的砧木皮层，使砧木的接穗上下左右切口均紧密对齐后，立即用塑料布条绑紧。

（3）嵌芽接（带木质部芽接）

① 削芽片　先在接穗芽的上方 1cm 左右处向下斜切一刀，长约 1.5cm，然后在芽下方 0.5cm 左右处斜切成 30°角到第一切口底部，取下带木质部芽片，芽片长 1.5cm 左右。

② 切砧木　按照芽片大小，相应在砧木上向上向下切一切口，长度较芽片略长。

③ 嫁接及绑缚　将芽片嵌入砧木切口中，使芽片上端稍露出砧木皮层，以利愈合，最后用塑料条绑紧绑严。

五、作业与思考题

1. 总结各种嫁接技术要点，每人提交 10 个嫁接实物，经教师检查合格后方能到苗圃进行实地嫁接。

2. 统计本人嫁接株数及成活率，写出实践报告。

项目二十一　设施果树扦插繁殖技术

一、目的与要求

掌握果树扦插技术和促进生根技术，使扦插成活率达 85％以上。

二、材料与用具

1. 材料
葡萄硬枝插条。

2. 用具
剪枝剪、萘乙酸、酒精、大缸、清水、脸盆、绑绳、地膜、除草剂、喷壶、标签、生根基质（肥沃园土、苔藓、锯末）等。

三、步骤与方法

（一）扦插时期

在春季发芽前当土壤 15～20cm 深处温度达到 10℃以上时，进行露地扦插。

（二）插条的准备

1. 插条的贮备
北方春季扦插葡萄所用插条，可结合冬季修剪，选择发育充实的一年生枝蔓，剪成长 50～80cm 长的枝段，每 50 条或 100 条扎成一捆，挂标签注明品种名称及数量，再选地势高燥处挖一贮藏沟，沟的大小按贮藏枝条的数量多少而定。沟深 50～80cm，将葡萄枝与湿沙分层埋在沟内，每隔一定距离放上一束高粱秆，以利通气。最后在上面覆上一层厚 15～30cm 的土进行防寒，覆土具体厚度根据当地气候条件决定。在贮藏期中应定期检查温度及沙的湿度，使其保持 1～5℃温度和适当湿度，贮藏到第二年春季供扦插之用。嫩枝扦插葡萄不需要贮藏枝条，可在生长季直接从葡萄树上剪取枝条作插条进行扦插。

2. 插条剪截

扦插前将葡萄枝条剪成具有 2～4 芽的插条。上端在芽上 2cm 处平剪，下端在芽下 1cm 处（即在节下）斜剪成马耳形剪口。

3. 催根处理

为了提高扦插成活率，也可在扦插前进行催根处理。其方法是：将插条基部浸于 5000mg/L 吲哚丁酸（或 5000mg/L 萘乙酸，或两者混合）的溶液中浸 2～3s，或于 50～100mg/L 吲哚乙酸或萘乙酸中浸泡 12～24h，然后取出扦插。

（三）扦插方法

根据具体条件采用畦插或垄插。一般先施基肥，整平畦面，再按行距 50cm 开沟，把插条按 15cm 株距倾斜插，使插条上部与地面平，然后覆土。覆土一半时在沟内灌水，待水渗下后，继续覆土至插条上部芽处为止。如当地春季较干旱，应加厚覆土层，使覆土高于插条顶部 2cm 左右，这样可减少蒸发，保持湿度，有利于芽的萌发。在土壤黏重的地方可起垄扦插，于沟内灌水，这样通风增温好，利于插条成活。如用塑料薄膜覆盖，能增温保湿，扦插成活率更高。

四、作业与思考题

1. 葡萄为什么要进行催根处理？其方法要点是什么？
2. 总结扦插促根和扦插等技术环节，写出实践报告。

项目二十二　设施果树苗木栽植技术

一、目的与要求

通过本项目，深刻理解设施果树栽植成活的基本原理，学会果树苗木栽植的具体方法和技术，掌握提高栽植成活率的关键。并且能够熟练地综合应用各项技术措施缩短幼树缓苗期，促进其健壮生长。

二、材料与用具

1. 材料

葡萄、桃等 1～2 年生嫁接苗。

2. 用具

修枝剪、镐、铁锹、皮尺、测绳、标杆、石灰、木桩、土粪等。

三、步骤与方法

（一）测量定植点

按照要求的株行距，在测量绳上做好记号，用拉绳法测量定植点。首先在小区的四周定点，按测量绳上的记号插木桩或撒石灰。如果小区较大，应在小区的中间定出一行定植点，然后拉绳的两端，依次定点。

（二）挖沟或挖穴

果树定植后要在固定位置生长结果多年，需要有较大的地下营养体积。挖沟或挖坑均可，株距小时，宜挖沟，通常挖深宽各 0.8～1.0m 的带状沟；株距较大时可挖坑，直径和深度为 0.8～1.0m。挖土时注意表土和底土分开堆放。栽植沟要提早挖，使沟内土壤充分风化、熟化。回填土时，先将表土填入沟底，上面再放底土。为了增加土壤的通透性和有机质，可在沟底先铺 10～15cm 厚的有机物如秸秆和杂草等，然后再将腐熟的有机肥料和表土混匀填入沟内，或者采用一层肥料一层土的方法填土。快填到沟满时，可浇一次透水，以沉实土壤。设施栽培中，起垄栽植有利于扣棚升温后根系生长，所以回填沟时，做成高垄。

栽苗之前，按园区规划和株行距在定植行上用白灰标出定植点，以定植点为中心，挖 40cm 的定植坑。如在挖沟时施肥不足，还应在苗坑底部施适量有机肥。

（三）苗木检查、消毒和处理

应选择生长充实、根系完整健壮、枝干无伤害、芽体饱满、无病虫害的苗木。凡根系不完整、侧根和须根较少、根系或枝条失水，均会降低栽植成活率。未经分级的苗木，栽植前应按苗木大小、根的好坏进行分级，把相同等级的苗木栽在一起，以利栽后管理。对品种混杂或感染有根癌病、毛根病的苗木必须剔除。对苗木根系要进行适当修剪，将有病、腐烂和干死的根系剪掉，断伤、劈裂的应剪出新茬，以利根系的生长。

将已选好苗木的根系浸在 20％的石灰水中消毒半小时，浸后用清水冲洗。从外地刚刚运来的苗木，由于运输过程中易于失水，最好在栽植前用清水浸泡根系半天至一天，或在栽植前把根系沾稀泥浆，可提高栽植成活率。

（四）苗木栽植

将苗木按品种放在挖好的定植穴内，如果苗木多，不能在短期栽完，应挖浅沟将苗木根系埋起来。栽树时，先将栽植坑适当修整，低处填起，高处铲平，栽植深度以苗木的根颈部与地面相平为准。在冬季严寒的东北和西北地区，根部有受冻危险，采用深沟浅坑或深坑栽植是防止根部受冻的有效措施。在沙土地和沙砾地，因土壤干旱，土温变化剧烈，冬季结冻深而夏季表层温度过高，也应适当深栽。在地下水位高，特别是在盐渍化的土壤，则应适当浅栽。在旱地条件下，可采用"深坑浅埋"的栽植方法。

栽植时，将苗木根系舒展，一人扶直苗木，一人填土。如果栽植面积比较大，最好在小区四周设立标杆，并在两头有人照准，以确保栽后成行。边填土边踩，填土一半时，要轻轻提苗，使根系周围不留空隙，再继续将坑填平，每行栽完修好畦坡，顺行开沟灌足水，立即灌水使土沉实，然后耙平畦面。如天气干旱，可连续灌水二次。干旱地区定植时，为防根系抽干，定植后充分灌水，并将苗茎培土全部埋在馒头形的土堆中，埋土高于顶芽 2cm，待 10～15d 再看其发芽程度逐渐扒开土壤。春栽时待水渗完后也应进行覆土，以防树盘土壤干裂跑墒，春季栽植时树盘覆盖地膜或覆草对促进苗木成活有很大作用，各地均应提倡采用。在北方秋栽时，应覆厚土防寒。栽植行内的苗木一定要成一条直线，以便耕作。

（五）苗干处理

根据不同果树的树形要求和苗木的质量进行定干，苗干上的剪口应及时涂漆保护。为达到快速整形的目的，在一些预发枝部位可以采用刻伤的方法，或用牙签挑取少许发枝素软膏涂在需发长枝的芽体上。然后用塑料筒或纸筒将苗干由上向下全部套住，下部开口处扎紧，用土培严，防止苗干失水和虫害。

（六）栽后管理

在风大的地区，苗木栽后要设立支柱，把苗木绑在支柱旁，以免树身摇晃。栽后应立即灌水，以使根系与土壤密接，以利根系恢复生长。当新梢长至 3～5cm 时，逐渐撕破塑料（纸）套，进行放风，待苗木基本适应外界气候后，将套完全去除。春季萌芽展叶后，应检查成活情况，及时补栽。成活后，芽萌动前，进行定干。生长期经常抹除根部发生的萌蘖及整形带以下的萌芽。生长季前期注意及时中耕除草、追肥浇水、防治病虫害，后期要适当控制幼树旺长，以利安全越冬。在生长季还应根据苗木生长状况和整形要求进行必要的夏季修剪。

四、作业与思考题

1. 调查新植幼树生长情况，总结分析幼树生长与栽植质量的关系。
2. 简述提高栽植成活率的关键。
3. 哪些措施有利于缩短缓苗期？

项目二十三 设施果树施肥管理技术

一、目的与要求

果园施肥不同于一年生作物，方法得当与否直接影响施肥效果。通过本项目操作，要求掌握果园施肥方法，并了解各种施肥方法的优缺点及各种肥料的特性与施用方法。

二、材料与用具

1. 材料

腐熟有机肥、化肥或复合肥，杂草或作物秸秆。

2. 用具

铁锹、镐、土篮、小推车或拖拉机等运输机械、喷雾器、水桶等。

三、步骤与方法

（一）土壤施肥

1. 全园施肥和树盘撒施

全园施肥也叫全园撒肥，将肥料均匀地撒在地表面，然后翻入土中，深达20cm左右。全园施肥适用于成龄果园或密植园，果园土壤各区域根系密度均较大，撒施可以使各部分根系都得到养分供应。全园施肥便于结合秋季深翻等用机械、畜力进行，劳动效率高。

幼龄果园不宜采用此法，容易造成肥料浪费。肥料较少时也不宜采用，难以发挥肥效。可采用树盘撒施，将肥料撒在树盘内，结合翻树盘将肥料翻入土内。

2. 环状沟施肥

在树冠投影边缘稍外挖环状沟，沟宽30～50cm，深达根系集中分布层，一般40cm左右即可。

环状沟施肥适用于根系分布范围较小的幼树。劳动力紧张或肥料短缺时，也可不挖完整的环状沟，而是挖间隔的几段月牙沟，月牙沟总长度达到圆周的一半，次年再挖其余一半。

3. 放射沟施肥

在树冠下，大树距树干1m、幼树距树干0.5～0.8m，向外挖4～8条放射沟，沟的规格为：近树干端深、宽各20～30cm，远离树干端深、宽各30～50cm。挖的过程中要注意保护大根不受伤害，粗度1cm以下的根可适当短截，促发新根，使根系得到全方位的更新。沟的位置每年轮换。

放射沟施肥是一种比较好的施肥方法，可以有效地改善树冠投影内膛根系的营养状况。但在密植园、树干过矮的情况下操作不便。

4. 条状沟施肥

在果树行间开沟，沟的位置在树冠投影边缘，宽50～100cm，深40cm左右，深达根系集中分布层。在沟底铺 20cm 厚杂草或作物秸秆，将有机肥与表土混匀填入沟内。

（二）根外追肥

1. 叶面喷肥

将易溶于水的速效肥料配成一定浓度的溶液喷布到叶片上，通过叶片吸收。叶面喷施的肥料进入叶片以后可以直接参与有机物的合成，不用经过长距离运输，不受生长中心的限制，分布均匀，发挥肥效快，且不受土壤条件和根系功能的影响。

叶面喷肥前一定要先做小型试验，找出确认不发生药害时的最大浓度后再大面积喷施。叶面喷肥的浓度一般为 0.3％左右，生长季前期宜低，后期可略高。

叶面喷肥的最适温度为 18～25℃，相对湿度在 90％左右为佳。喷布时间以上午 8～10 时（露水干后太阳尚不很热以前）、下午 4 时以后为宜。以避免气温高，肥液很快浓缩，既影响吸收又易发生药害。阴雨天不要进行叶面喷肥，叶片吸收少，淋失多。

叶面喷肥时一定要喷布周到细致，做到淋洗式喷布，尤其叶背，气孔多，一定要喷到叶背，利于吸收。

叶面喷肥可以和喷药结合进行，但要仔细阅读说明书，注意混合后不产生药害和降低药效。

2. 树干注射追肥

树干注射追肥主要应用于缺素症的矫治，特别是对微量元素缺乏症的矫治。特点是起效快，用肥量少，作用持久，且对环境的污染极轻。将肥配成 0.3％～0.5％的水溶液，在树干光滑处钻孔至树干中心，孔径在 5mm 以下，用强力注射器将肥液注入树体，用量一般 200～500mL。用小木塞将孔堵严。

四、作业与思考题

1. 结合生产实践操作，分析各种施肥方法的优缺点，写出实践报告。
2. 生产实际中如何理解土壤施肥和根外追肥的关系？

项目二十四 设施果树人工辅助授粉

一、目的与要求

很多果树如苹果、梨、李子等有自花授粉不结实或结实率很低的特性，在实际生产中需要合理配置授粉树才能促进坐果，获得应有的产量和品质。桃树等尽管多数品种自花结实率高，但由于棚内湿度大、空气流动性小、无昆虫，有时出现花期不育，而且在设施环境下，由于湿度很大，花药难以开裂，花粉粒容易粘在一起，为了保险，应采取人工辅助授粉和放蜂的方法。特别是花期连续阴雨天或低温天，人工授粉是必要的。人工辅助授粉能够确保坐果率（特别是春季低温阴雨天）、稳定产量、坐果整齐、外形光洁圆整、提高品质，配合疏花疏果及套袋技术，优果率增加，价值提升，提高经济效益。通过本项目了解果树人工辅助授粉的重要性，学会花粉的采集与制备、保存方法，掌握果树人工辅助授粉技术。

二、材料与用具

1. 材料

桃正常开花结果的植株。

2. 用具

干燥房间、培养箱或烘箱、100W 白炽灯、毛笔、青霉素瓶、橡皮或气门芯、铜版纸（挂历纸即可）、镊子等。

三、步骤与方法

（一）花粉采集

适宜采集花粉的最佳时期为"大蕾期"，将授粉品种的大蕾期花朵采下，置于挂历纸上，两朵对搓，即可将花药搓下，捡去花丝、花瓣等杂物，将花药连同挂历纸置干燥房间，用100W 白炽灯烘烤，灯泡距离花药25～30cm，一昼夜即可。也可将花药连同挂历纸置培养箱或烘箱20～25℃保温一昼夜。收集散出的花粉，装入干净的青霉素瓶内封严置阴凉处备用。

如用量较少，可人工剥取花粉。用镊子剥去花萼、花瓣，取下花药；也可两手握住花柄，两花相对旋转，使花药脱落，再用镊子除去杂质。如果花粉用量大，或专业的花粉生产企业，采粉可用专门的机械。

（二）准备用具

准备授粉用具包括毛笔、橡皮或气门芯等，花粉装在青霉素瓶内，在其橡胶盖上扎入一枚铁钉，铁钉的一头套上气门芯，反卷过来即可作为蘸取花粉的头。也可直接用带橡皮头铅笔的橡皮头蘸取花粉或直接用干净的毛笔蘸取花粉。也可因地制宜制备授粉用具，如可用新的香烟过滤嘴的细丝绑成钝笔头状，蘸取花粉的效果也不错。

（三）人工授粉

人工辅助授粉的方法很多，常用的有如下几种。

1. 人工点授

人工点授为目前生产应用最广的方法，即人工将花粉直接点在柱头上，可用毛笔、橡皮、气门芯、铅笔的橡皮头、新的香烟过滤嘴的细丝等，蘸 1 次花粉可以点授 4～6 朵花。为了节省花粉，可在花粉内加入填充剂，填充剂可用滑石粉或淀粉。比例为花粉（带花药壳）：填充剂＝1：4 或纯花粉：填充剂＝1：10。现用现混，充分搅拌均匀。

2. 机械喷粉

授粉面积大，人工点授难以完成或诸如仁用杏等要求尽量提高坐果率时，可以采用机械喷粉完成人工辅助授粉。机械喷粉花粉用量大，增大填充剂的用量，使其达 200 倍左右，现用现混，充分搅拌均匀。用农用喷粉器或特制的喷粉枪进行。喷时不可过快、过慢、过猛，要使花粉均匀落在柱头上，喷粉机距花远近以使花稍有吹动而不摇摆为宜。

3. 液体授粉

授粉面积大，人工点授难以完成或诸如仁用杏等要求尽量提高坐果率时，也可将花粉混入 10％的糖溶液中，用喷雾器喷，完成人工辅助授粉。若加入 0.1％硼酸，可以提高花粉的活力。配制比例为水：砂糖：花粉＝10kg：1kg：50mg，使用前加入硼酸 10g。配好的溶液在 2h 内喷完。喷布时间应为盛花期。

4. 气球授粉

将吹气不太足的气球在花上滚蘸，可以有效地帮助完成授粉。使用时提前数日将气球充足吹气，使其弹性下降，用时将气放掉一半，使气球变松软，在盛花初期开始在授粉树花序上滚蘸，再到品种花序上滚蘸，即可完成授粉。

四、作业与思考题

1. 观察人工授粉与自然授粉的果实生长发育状况。
2. 授粉时应注意些什么？如何提高人工辅助授粉的工作效率？

项目二十五 设施果树花果管理

一、目的与要求

花果管理是指为了保证和促进花果的生长发育，针对花果和树体实施相应的技术措施以及对环境条件进行的调控。

设施果树花果管理是现代果树栽培中重要的技术措施，是果树连年丰产稳产、优质高效的保证。在花量过大、坐果过多时，树体负担过重，果实发育不良，品质低劣，容易产生大小年结果现象。疏花疏果是指人为地去掉过多的花或果实，使树体保持合理负载量的栽培技术措施。疏花疏果可以有效调节植株负载量，对克服设施果树大小年、保证植株连年丰产稳产、提高果实品质、树体生长健壮等具有重要意义。果实着色不良、果面光洁度差、农药残留多是严重影响我国果品市场竞争的因素。设施果树套袋技术的作用包括：促进果实着色、改善果面光洁度、减少病虫害、降低农药残留量等。

通过本项目了解果树疏花疏果的意义，提高果实外观品质的重要性，了解掌握观察疏花疏果对果实生长发育的影响，掌握疏花疏果的方法、果实套袋技术、摘叶转果技术和铺设反光膜技术。观察对比套袋、摘叶、转果、铺设反光膜等增色措施对果实色泽发育的影响。

二、材料与用具

1. 材料
二年生以上设施桃或葡萄。

2. 用具
记录本、疏果剪或修枝剪、纸袋等。

三、步骤与方法

（一）疏花疏果

必须按照优质果生产的合理负载量进行疏花疏果。在保证坐果的前提下（如进行人工辅助授粉）以早疏为佳，可以节约更多的养分，促进留下的果良好生长发育。具体方法可以分为人工疏花疏果和化学药剂疏花疏果，目前生产上主要是人工疏除。

1. 疏花疏果的原则
疏花疏果的对象：弱花弱果、病虫花果、畸形花果及多余的花果等。主要的原则为：一般先疏顶花芽，后疏腋花芽；先疏弱树，后疏强树；先疏花多树，后疏花少树；先疏开花早的树，后疏开花晚的树；先疏坐果率高的树，后疏坐果率低的树；先疏树冠内膛，后疏树冠外围；先疏树冠上部，后疏树冠下部。

2. 疏花疏果的时期
疏花比疏果好，早疏比晚疏好。人工疏花的时间为在果树花序（花朵）刚刚伸出时，一般宜在盛花初期至盛花末期进行。仁果类果树，可在蕾期用疏果剪剪除整个花序，也可在花序伸出到分离时疏去边花，留中心花。仁果类果树疏果的时间，一般宜在花后10d开始，1个月内疏完。疏花还是疏果，疏一次还是疏两次，要依据树种、品种、开花迟早和坐果多少来决定。一般来说，开花早、易坐果、坐果多的品种先疏，早定果；反之则晚疏，晚定果。

3. 疏花疏果的方法

（1）设施桃疏花疏果

设施桃的果期早，在花蕾期即可开始疏蕾，开花时又可疏花，到幼果期仍可疏果。从效果上看，疏果不如疏花。如当年花期气候条件不好，可适当晚疏，疏时从上到下，从里到外，从大枝到小枝，逐渐进行。对一个枝组来说，上部果枝多留，下部果枝少留；壮枝多留，弱枝少留。先疏双果、病虫果、畸形果，后疏密果。各种果枝留果标准，一般长果枝留 3～4 个果，中果枝留 2～3 个果，并以侧果或下果为好，短果枝则留顶果。

① 疏花 疏花在开花前进行。一般升温后 30d 左右花芽开始膨大，此时抹除花蕾较为容易。疏除畸形花和预备枝上的花；长果枝疏枝条两端花蕾，多留中上部花蕾；中、短果枝疏基部花蕾，留前部花蕾。一般长果枝留 10～20 个花蕾，中果枝留 8～12 个花蕾；花量大时短果枝上可不留花，花量小时短果枝留 4～6 个壮花蕾。

② 疏果 幼果长到黄豆粒大时进行第 1 次疏果。由内到外，由上到下，疏除着生在枝条基部或内膛里的病果、伤果和畸形果，多保留枝条中上部和树冠外围的果，双果留质量好的 1 个果。幼果长到小枣大时进行第 2 次疏果，主要疏去发育不良果、畸形果、直立果和过大或过小的果，保留生长均匀一致的果。

③ 定果 当幼果长到鸽子蛋大小时定果。可根据树势、树龄和生产管理水平等确定留果量，一般长果枝留 2～4 个，中果枝留 1～3 个，壮短果枝留 1 个果。大果型品种少留，小果型品种适当多留。一般每 666.7m² 产量控制在 1500～2000kg 为宜。

（2）设施葡萄疏花疏果

设施葡萄疏穗或掐穗尖能使果粒增大、饱满、色正，时间多在开花前进行。弱株或弱枝上的果穗太多时可疏去一部分，一般每结果枝蔓保留果穗 1～2 个。

在坐果稳定后至黄豆粒大小时，先疏去小果、病果，保留大小均匀一致的果粒，再将影响穗形的过密果粒剪去，个别突出的大果粒也疏去，后采取"掏空"式对穗轴上的 1 级或 2 级小分枝相隔 1～2 个疏除一个，使其形成散穗，以利果粒有足够的膨大空间和充分受光以利着色（在疏去果粒时保留果梗的 1/3 于果轴上）。一穗果一般留 60～100 粒。

（二）果实套袋技术

1. 袋的选择

目前市场上的纸质果袋种类很多，好的果袋应该强度较大、耐雨水淋刷、耐日晒、耐风吹，具有较强的透隙度。外面颜色浅，能反射光，避免袋内温度过高。对于较难着色的红色品种，要套双层纸袋，而葡萄、梨、金冠苹果等可套单层纸袋。一个标准的果袋包括袋口、袋切口、捆扎铁丝、袋体、袋底、除袋切线、通风放水孔。

有些纸袋为了增加强度，涂布石蜡，不宜在高温少雨地区应用，容易引起日灼。生产中也有套特制塑料袋的，要求塑料袋可以透气透水，对于促进着色也有良好作用。但树势较弱、山岭薄地的果园日灼严重。

2. 套袋前准备工作

要进行套袋栽培的果树，要求进行良好的人工辅助授粉和严格的疏花疏果。套袋前完成疏花疏果工作，并喷布一次药剂杀虫防病。

3. 套袋时间

套袋在定果后马上进行，2～3 周内完成。葡萄在疏完果粒整形后即可套袋，一天中套袋的时间最好在 16：00 后，这段时间袋内温度低，葡萄能适应袋内的温度，不易产生日灼。

4. 套袋操作方法

选定要套袋的幼果后，手拖纸袋，撑开袋口或用嘴吹气使袋鼓起，袋底两角的通风放水孔张开，将袋套在幼果上，使幼果果柄靠在袋口中间，从袋口两侧折叠袋口至果柄处，将捆扎铁丝折回固定；也可使幼果果柄靠在袋口一侧，从另一侧依次折叠袋口至果柄处，将捆扎铁丝折回固定。套袋操作时不要用力向下拉，以免将幼果揪下。袋口一定要扎紧，防止被风吹掉。

5. 定期检查

套袋后，每 15～20d 检查一次袋内果实着色及染病情况。

6. 除袋

需要着色的品种采前要除袋，一般在采前 20～30d 进行，单层纸袋的可将纸袋撕成伞状，在果实上保留 4～5d 再完全除去。双层纸袋的先将外层袋撕开，5～7d 后除去内袋。一天中在果面温度较高的中午前后除袋为宜，防止果实所处环境温度的骤然变化引起日灼。

（三）摘叶转果技术

为了保证套袋后的果实全面着色，需要摘叶转果。摘叶就是将直接影响果实光照的叶片摘除，一般分 1～2 次进行。摘叶过多影响植株养分积累，降低第二年产量品质。

转果就是将果实转动一定角度，使不见光的阴面部分见光，促进果实全面着色。转果在除袋后 1 周左右开始，共进行 2～3 次。转果时注意用力要小，每次转动的角度要小，尤其果柄较短的品种更要注意，否则极易将果拧掉。

（四）铺设反光膜

树冠中下部和北侧的果实光照条件较差，果实萼片部位也不易见光，因此着色较差。在树冠下铺设反光膜可以将射到地面的光反射到树冠内，使树冠中下部和北侧的果实以及果实萼片部位也见光，从而使果实全面着色。反光膜铺设时间以内袋除去后 1 周左右为宜，铺后至采收前 20d 左右。每 667m² 铺设 350～400m² 即可。要保持膜平整干净。

四、作业与思考题

1. 结合生产实际谈谈如何理解"果树既要人工辅助授粉，又要人工疏花疏果"？
2. 疏花疏果时要注意哪些问题？
3. 选择果袋时要注意些什么？
4. 果实套袋的优缺点是什么？
5. 果实套袋后对栽培管理有何特殊要求？
6. 结合生产实际谈谈在什么情况下可以一次定果。
7. 结合生产实际谈谈如何促进果实全面着色。写出实践报告。

项目二十六 设施果树树相调查与评价

一、目的与要求

通过本项目，熟悉和掌握果树主要树相指标及其评价方法。要求能够利用树相指标推测果树树势及结果性能，在此基础上制订相应的管理技术措施。

二、材料与用具

1. 材料

桃生长健壮的幼树或初果期树。

2. 用具

计数器、钢卷尺、叶色卡、叶面积仪、记录本、塔尺、皮尺等。

三、步骤与方法

（一）生长指标

1. 覆盖率

生长季根据果园地面遮阳和透光面积相对比例估算出覆盖率。冬季也可根据栽植密度和行间、株间枝头生长状况估算。

2. 单位面积枝量

在一个果园中选择若干株有代表性的植株，统计每株的总枝量，计算出单株平均枝量，根据栽植密度，推算出单位面积枝量。枝量调查时，为了避免漏数和重数，要按分枝次序由下而上逐枝进行。数时可用计数器计数，也可自数自记，每数完一个大枝，可以记录一下，最后相加。

3. 干径或干周

在树干距地面 20cm 处，用曲尺或钢卷尺测量干径或干周。

4. 树体大小

树高用塔尺或皮尺测量地面至树冠顶端的高度，也可用测高器测定。冠径即在同株树下对东西和南北两垂直交叉线测量其树冠的直径。

5. 新梢生长量

一般以树冠外围骨干枝剪口芽新梢生长量为代表。幼树可测全树的新梢生长量，大树则在树冠随机选择具有代表性新梢 30 个，测出其新梢平均长度。

6. 枝类组成

选择有代表性的植株或大枝，调查所有枝条的数目和长度，后计算出长枝（>15cm）、中枝（5～15cm）和短枝（<5cm）的比例。同时统计优质短枝的比例。可以多人分枝类调查，1人记录，逐枝进行。

7. 封顶枝比例

6 月底调查已停止生长的枝占总枝量的比例。

8. 单叶面积和总叶面积

一般选择正常发育枝由上向下数第 6 片叶或由下向上数第 7～9 片叶为代表叶，用叶面积仪测定。幼树总叶面积可以测量全部叶片面积，累计的结果就是全树的总叶面积。大树可以采用定点取样，根据不同冠形的体积推算全树的叶面积。还可随机选取短枝和中枝各 50 个，长枝 30 个。每一类枝的一半枝条，测量叶位为奇数的叶片面积；另一半枝条，测量叶位为偶数的叶片面积。然后，求出单枝平均叶面积。

公式为：单枝平均叶面积＝（调查叶数的叶面积之和×2）/调查枝数。

通过调查枝量而知的短、中、长枝数分别乘以短、中、长枝平均叶面积，然后相加，即可推算出单株叶面积。

9. 叶色值

取有代表性的叶片，与标准叶色卡进行比较。

（二）结果指标

1. 单位面积花芽量

在一个果园中选择若干株有代表性的植株，统计每株的总花芽量，计算出单株平均花芽量，根据栽植密度和实际保存株数，推算出单位面积花芽量。

2. 单位面积留果量

生理落果后，在一个果园中选择若干株有代表性的植株，统计每株的总留果量，计算出单株平均留果量，根据栽植密度和实际保存株数，推算出单位面积留果量。

3. 单果重

果实成熟期，在一株树上选择有代表性的果实 30 个，测定其质量，计算出平均单果重。选择若干株有代表性的植株，推算出全园平均单果重。

4. 果实质量

根据不同品种果形、果重、果形指数、着色程度、硬度、糖酸含量等进行评价。每次观测要求 10 个果以上，求其平均值。

5. 梢果比

果实发育期选择单株或有代表性的大枝，统计新梢和果实总量，计算出梢果比。

6. 花芽与叶芽比例

选择单株或有代表性的大枝，统计叶芽和花芽总量，计算出花芽与叶芽比例。

7. 花芽分化率

选择单株或有代表性的大枝，按顶花芽计算（苹果、梨），统计结果枝占总枝量的比例。

8. 产量

可以单株或单位面积进行产量计算，一般落果不计在产量内。分别记载各等级果的数量。产量除用绝对量表示外，亦可按树冠投影面积或树干横断面积来表示其相对产量，以便于比较。

四、作业与思考题

1. 对果树进行枝类调查如表 26-1 所示的内容，并根据枝类组成调查结果，分析果树所处的生长结果阶段。

表 26-1　果树枝类组成调查表

项目	总枝量/个	长枝/个	长枝比例/%	中枝/个	中枝比例/%	短枝/个	短枝比例/%
结果							

2. 对初果期的桃树来说，哪些生长指标可以作为生长发育不同阶段转化时的依据？

3. 根据现有幼树丰产的树相指标，比较分析本人的实际调查结果，写出实践报告。

项目二十七 设施果树树形观察与整形技术

一、目的与要求

通过本项目，要了解设施果树主要树形的结构和特点，学会果树整形的基本方法和技术。

二、材料与用具

1. 材料

桃、葡萄幼龄期果树。

2. 用具

修枝剪、手锯、木橛、拉枝绳、铁锤等。

三、步骤与方法

（一）自然开心形

1. 树形特点

自然开心形符合桃等果树干性弱、喜光性强的特性，树冠开心形，光照好，能充分利用生长空间，容易获得优质果品。

2. 树体结构

3 个主枝在主干上错落着生，以 45°~70°开张角延伸，每主枝上两侧培养 2~3 个侧枝，开张角度为 60°~80°。

3. 整形方法

（1）定干　苗木定植后，一般可在 60cm 处剪截定干。整形带内应有 5~7 个饱满芽。如果整形带内着生有副梢时，若部位适宜，芽饱满，可在饱满芽处剪截。若副梢较弱，发生部位较高，应全部疏除。

（2）第一年整形修剪　春季萌芽后，整形带以下的萌芽应尽早抹除。当新梢长达 20cm 左右时，选择生长健旺、方向和角度合适、分布均匀、错落生长 3 个新梢，培养成主枝，其余的新梢作为辅养枝，进行多次摘心，控制生长。冬剪时，进一步确定三大主枝，延长枝可根据生长情况进行短截。一般可剪去枝长的 1/3，剪留长度以 60～70cm 较为适宜，剪口芽留在外侧。各主枝上如有直立强旺的新梢，要及时疏除。如果苗木生长势强壮，可利用副梢加速整形。

（3）第二年整形修剪　在夏季，当主枝和第一侧枝的延长枝长到 50cm 左右时，进行摘心或剪梢；同时在主枝上，距第一侧枝 50cm 左右的地方，在第一侧枝的对面选留一个副梢作为第二侧枝，开张角度应达到 50°左右。冬剪时，利用副梢作为主、侧枝的延长枝，留 50～60cm 进行短截。

（二）丫字形

1. 树形特点

树冠呈平面状，光照条件好，适宜高度密植。

2. 树体结构

主干较矮，全树只有两个大主枝，与地面呈 45°夹角，每个主枝上配备 3 个侧枝。主枝和侧枝上布满枝组和结果枝。

3. 整形方法

（1）定干　1 年生苗木栽植后，留 50～60cm 定干，整形带内要有 5～7 个饱满芽。

（2）第一年修剪　新梢生长达 50～60cm 时，预选两个错落着生、长势均衡、左右伸向行间的新梢作为主枝，并及时摘心或剪梢，以促进副梢的萌发，加速成形。其余新梢可进行多次摘心，控制其生长。冬季修剪时，对主枝先端的健壮副梢进行适当短截，作为主枝延长枝。然后，在下部的副梢中，选留一个背斜下方向的副梢作第一侧枝，剪留长度可稍短于主枝延长枝。主枝角度保持在 45°左右，第一侧枝的角度保持在 70°左右。其余的枝条，密者可疏除一些，保留的枝条，要利用副梢开大角度，并适当轻剪，以利缓和长势，提早结果。

（3）第二年修剪　在夏季，当主枝和第一侧枝的延长枝长到 50cm 左右时，仍进行摘心或剪梢；同时在主枝上，距第一侧枝（背下侧）50cm 左右的地方，预选一个向外生长的背斜侧枝作第二侧枝，并进行摘心或剪梢。其余枝条和副梢，则应进行多次摘心，以利果枝和花芽的形成。第二侧枝在主枝上的角度为 45°左右。其余的枝条和副梢，视其着生位置、花芽形成以及疏密程度等情况，给予适当处理。

（4）第三、四年修剪　继续培养主侧枝和结果枝组，适当处理结果枝。在距离第二侧枝 50cm 左右的地方，选一个背斜侧枝作为第三侧枝，在主侧枝上，每隔 30～40cm 选留一个大型枝组，其间配置各类中小型结果枝组，占据上部空间，增加结果部位。对已结果的果枝，要适当回缩更新。当主枝延长枝长到 50cm 时进行摘心。冬剪时，根据树冠实际占有空间情况进行继续短截扩大树冠或回缩。

（三）无干多主蔓扇形

1. 树形特点

树形呈平面分布，适宜葡萄篱架或棚架整形。

2. 树体结构

不留主干，由地面分生出几个主蔓。在主蔓上留有侧蔓或直接着生结果枝组。单篱架一般留 4 个主蔓（株距 2m），在架面上呈扇形分布，主蔓上每隔 20～30cm 配备一个结果枝组。留主蔓的多少，主要根据株距大小和不同品种生长势的强弱而定。一般以能布满架面，而又不显得拥挤为准。

3. 整形方法

（1）第一年整形修剪　定植时，在地面以上留 4～5 个芽短截。萌发后培养 4 个新梢作为主蔓。如果新梢数不足，可在新梢长到 20cm 左右时留 2～3 节摘心，促使萌发副梢。叶腋间发出的副梢留 2～3 叶摘心。培养作为主蔓的新梢，在 8 月下旬前后进行摘心。秋季落叶后，根据新梢粗度进行短截。如粗度达 0.7cm 以上可留 50～80cm 短截，粗度较细则可留 2～3 个芽短截，使之下一年能发出较粗壮的新梢，以便培养作为主蔓。

（2）第二年整形修剪　上年长留的 2～4 个主蔓，当年可发生几个新梢。秋季落叶后，选留顶端粗壮的新梢作为主蔓延长蔓，在第三道铁丝附近短截；其余的留 2～3 个芽短截，以培养枝组。弱枝完全疏除。上年短留的主蔓，当年可发出 1～2 个新梢，冬剪时选留一个粗壮的作为主蔓剪截。主蔓呈扇形分布于架面。主蔓间的距离约 50cm。

（3）第三年整形修剪　按上述原则继续培养主蔓与枝组。主蔓高度达到第三道铁丝，并且每隔 20～30cm 有 1 个枝组时，树形基本完成。

四、作业与思考题

1. 简述设施果树常见树形的结构特点。

2. 结合 1 株桃树的调查结果，分析自然开心形树形整形中存在的问题，写出实践报告。

项目二十八　设施果树修剪

一、目的与要求

合理进行生长季修剪是果树设施栽培生产中的一项重要管理技术，能调节营养生长和生殖生长的矛盾，还能使树体透光，减少消耗树体的营养。培养合理的个体和群体结构，协调果树地上部分和地下部分、生长和结果、衰老和更新的关系，有助于果树达到早产、高产、稳产、优质、长寿，且便于管理。

通过本项目掌握果园群体结构、个体结构判断的方法和步骤，能够独立制订修剪方案，学会设施果树修剪的基本方法和技术，能够熟练地综合应用修剪措施，达到合理调整果树生长和结果的目的。

二、材料与用具

1. 材料
桃、葡萄、樱桃、枣等结果期果树。

2. 用具
修枝剪、手锯、木橛、拉枝绳、铁锤、高凳、梯子等。

三、步骤与方法

（一）修剪方案的制订

1. 果园基本情况调查
首先应该对果园面积、覆盖率、整齐度、树龄、品种、历年产量、管理情况、病虫害种类及防治情况等进行详细调查和了解，初步判断果园产量水平和管理水平。

2. 树势及花量调查
对果园植株树势进行调查，以作为确定适宜修剪量的重要依据。对果树成花量进行普查，分别估算出不同花量植株所占比例（花量够用或花量不够用），在此基础上，预测明年产量情况。

3. 找出整形修剪存在问题
详细观察果园的群体结构和果树个体结构，了解整形修剪基础和现状，根据丰产园和特定树形的基本要求找出该果园在整形修剪方面存在的主要问题。

4. 写出修剪方案
明确此次修剪要解决的主要问题，明确修剪原则、方法和注意事项，如何对各种树势不平衡的情况进行处置，并制订出不同品种修剪细则。集中培训，提高修剪人员的认知水平。

（二）树势及树体结构判断

1. 树势判断
（1）外围发育枝长度和粗度　根据不同树种、品种的特性和不同年龄时期的特点进行判断。

(2) 春秋梢比例 根据不同年龄时期外围发育枝春梢、秋梢的长度进行判断。

(3) 枝条成熟情况 根据枝条木质化程度进行判断。

(4) 芽饱满程度 根据不同节位花芽和叶芽的发育状况进行判断。

(5) 营养枝与结果枝的比例 根据全树或典型部位营养枝和结果枝的数量进行判断。

2. 群体结构的判断

(1) 果园整齐度 根据果园缺株情况、果树相对大小进行判断。

(2) 果园覆盖率 根据果树面积占果园总面积的情况进行判断。

(3) 果树交接程度 根据果树株间和行间交接的情况进行判断。

3. 个体结构判断

(1) 干高 根据栽植方式、栽植密度和树形要求等进行判断。

(2) 树高 根据不同株行距、不同树形要求和年龄时期进行判断。

(3) 骨干枝数目 根据不同树形对不同年龄时期骨干枝数目的要求进行判断。

(4) 骨干枝大小 根据栽植密度、株间和行间枝头搭接程度、上下层骨干枝的比例、骨干枝与中心干粗度比例进行判断。

(5) 层间距 根据不同树形、不同年龄时期骨干枝间距以及枝头的间距进行判断。

(6) 骨干枝角度 根据不同树形对骨干枝角度的具体要求进行判断。

(7) 辅养枝 根据不同树形、不同年龄时期辅养枝应该着生的部位、允许存在的数量进行判断。

(8) 结果枝组 根据不同树形、不同年龄时期结果枝组的要求进行判断,包括结果枝组与着生基枝的关系,大、中、小型结果枝组的比例以及在骨干枝上的分布格局、密度、形状等。

(三) 冬季修剪常用方法

1. 短截

剪去一年生枝的一部分。一般短截对枝条生长有局部刺激作用,可促进剪口以下侧芽萌发,促生分枝。短截程度不同,反应也不一样。一般可分为轻短截（剪去 1/5～1/4）、中短截（剪去 1/3～1/2）、重短截（剪去 2/3～3/4）和极重短截（基部留 1～2 个瘪芽）。

2. 戴帽

戴帽即在春秋梢交界处轮痕上部短截。因剪口下是瘪芽,多萌发出中、短枝,能缓和长势。此种剪法多用于骨干枝或大枝组主轴背上的徒长枝。如进行一般短截,长出的枝条往往过旺,既不易形成花芽,又影响通风透光。此时可采用戴帽修剪，结合生长季节疏剪强枝、环剥和扭梢等方法，可以培养出理想的小型枝组。

3. 回缩

对多年生枝剪截叫回缩或缩剪。一般结果期树应用较多。主要目的是改变枝条方向、恢复树势、促进枝条后部发枝等。

4. 疏枝

疏枝即疏剪，把枝条从基部去掉。疏剪可改善树体的通风透光状况，增强同化效能。一般对全树起削弱生长作用，原因是减少树体总生长量；对局部有促进作用，但比短截作用小，而影响的范围比短截广，其效果与修剪量的大小和被剪去枝条的强弱有关。如疏去强枝，留下弱枝，或疏枝过多，对树势和枝势有明显的削弱作用。如疏去弱枝，可使养分集中，增强枝势。疏枝有削弱母枝枝势的作用，减缓加粗生长，故常作为调节树体和局部生长势力的手段，达到平衡树势的目的。注意在一株树上需要疏除较多的大枝时，要逐年控制，分期疏除，切忌一次造成伤口过多，严禁造成对伤口和距离很近的上下同侧伤。

5. 缓放

缓放即不剪截，可利用单枝生长势逐年减弱的特性保留大量枝叶，避免剪截刺激而旺长，有利于营养物质积累，形成花芽，可使幼旺树或旺枝提早结果。长放（长放也叫甩放，即不进行修剪，保留枝条顶芽，让顶芽发枝。进行适当的长放，有利于缓和树势，促进花芽分化形成）后的主要反应是分散营养，削弱顶端优势，提高萌芽力，缓和生长势。缓放枝的枝叶多，生长势缓和，停止生长早，既有利于通风透光，又有利于营养积累和花芽分化，因而结果早。

缓放由于萌芽力强，中、短枝多，有利于营养积累，有利于母枝和根系生长。缓放多用于平斜下垂枝，而直立旺长枝缓放后加粗快，顶端优势强，分枝少，容易出现树上长树的现象。因此，一般应缓放长势中庸的枝条，使其抽生中、短枝，有利于结果。为了减少总修剪量，增加分枝，有时也缓放一些强旺的直立枝，但必须改变枝向，并配合扭伤、环剥等措施，才有利于削弱枝势，促进花芽形成。

实施缓放修剪时应注意：缓放效果有时需连放数年才能表现出来。因此，对长势较旺、不易形成花芽的品种必须连续缓放，待中后部形成花芽，或开花结果后再及时回缩，培养成各类结果枝组。

6. 背后枝换头

背后枝换头是冬剪时常用于骨干枝梢角开张的一种剪法。当骨干枝梢角偏小，又难以用其他方法开张，或虽可开张但无其生长余地时，则可利用主枝背后适宜的分枝进行换头。为保证换头效果，一般要求背后枝的粗度要达到原枝头粗度的1/2。

（四）生长季修剪常用方法

1. 抹芽

抹芽宜在新梢长到 3cm 前进行。抹除对象主要是剪口下的双芽、三芽或其他竞争芽，剪口或锯口下的密生芽、丛生芽，内膛或其他部位的无用徒长芽以及小树主干上发生的萌蘗。

2. 除梢

当新梢长到 15cm 以上时，为调整骨干枝延长枝的方向和开张角度，可疏去周围有影响的枝条，还应及时疏除树冠内无用的徒长枝。

3. 摘心

摘心的对象是主枝延长枝、内向枝、徒长枝、果台枝、结果枝上抽生的强枝以及可利用的竞争枝。摘心时间因对各种枝条处理的目的和要求不同而异。新梢旺长期摘心可促生二次枝，有利于扩大树冠。新梢缓慢生长期摘心，可促进花芽分化。生理落果前对果台副梢摘心可提高坐果率。对徒长枝多次摘心，可使枝芽充实健壮，提高越冬性。

4. 扭梢

将旺梢向下扭曲，改变枝条方向，应选择适宜时期在枝条半木质化部位扭。可以缓和枝势，改变局部光照条件，促进花芽形成。

5. 拿枝软化

用双手对旺梢从下到上轻轻折伤，使木质部和皮层有一定损伤，但响而不断，并压平其角度或改变其生长方向，具有缓和生长势、促进营养积累、提高萌芽率、促进中枝和短枝以及花芽形成的作用。

6. 环割

用刀或锯在枝干环切 1 圈，深达木质部。对生长势一般的树，可环割 1 圈；强旺树和旺枝，可 1 次割 2 圈，圈距以 5～10cm 为宜。

7. 环剥

将枝干的韧皮部剥去一圈皮层，可暂时切断营养物质向下运输的通道，有利于剥口上部枝叶营养积累，是促进花芽形成、控制树冠、减少落果、促进果实膨大的有效措施。具体应用时必须注意以下 5 个问题：一是环剥对象要选壮、旺树或大枝；二是环剥时期不同其效果也不同；三是环剥宽度为枝径的 1/10 左右，操作时刀口锋利，注意保护形成层，减少木质部损伤，剥口应包好防止虫害；四是环剥要与其他措施相互配合使用，以提高效果；五是环剥次数可根据树势而定。

8. 曲别枝

将直立旺长的枝条或多年生枝压平，别在附近平斜或横生的枝下。为了加大刺激力度，有时在曲别枝前拧伤或折伤基部，可获得更好的效果。具体应用时要注意一株树上曲别枝不宜过多，而且曲别枝应尽量向树冠有空间的地方引导，不要横向曲别，以免使树冠紊乱。

9. 拉枝

在地上钉橛或在树上寻找适宜部位，用铁丝、布条或尼龙绳等将枝条角度拉开。木橛长度一般要求 50cm 以上，以防浇水后弹起。拉枝可以改变枝向，扩大树冠，缓和树势，改善光照，增加枝量，尤其是增加中、短枝数量，对促进花芽形成有重要作用。拉枝的角度不同，其效果也不一样，一般密植树可拉 70°～90°，辅养枝拉角要大于骨干枝。为了平衡树势，较大的骨干枝拉角可以大一些，较小的骨干枝拉角可小一些。枝条应拉成线形，不可拉成弓形。拉枝时还应注意枝条的方位，拉枝处要防止铁丝或绳绞缢枝条。

10. 疏花序及掐穗尖

根据树势及结果枝的强弱，适当疏去部分过多花序可使生长与结果得到平衡。在开花前一周左右将花序顶端掐去其全长的 1/5～1/4 左右，可以促进果粒的发育，保证果穗紧凑。同时，可顺便去除副穗，以保持穗形美观。

11. 果穗整修

对果穗紧密、有小粒和青粒的品种或为达到增大果粒的目的均可在果粒迅速膨大前进行疏粒。另外，生长季还应在下午果穗梗柔软时，结合绑蔓进行顺穗，使果穗自然下垂生长。

12. 除卷须

卷须缠绕到果穗、枝蔓、叶片上会造成枝梢紊乱。木质化后不易除去，不仅影响采收和修剪，在生长过程中也消耗不少养分和水分。因此，必须及时除去。一般在进行摘心、绑蔓、去副梢等管理工作时顺便摘去卷须。

13. 绑蔓

葡萄植株出土后及时绑老蔓，根据树形的要求使枝蔓均匀分布在架面上，长梢应弓形引缚，以利各节新梢生长均衡。在绑老蔓的同时进行一次复剪，将冬剪时遗漏的病残枝、过密枝除去，以调节植株芽眼负载量。绑新蔓一般在新梢长到 20～30cm 时开始，整个生长期随新梢的加长不断绑缚，一般需绑 3～4 次。绑蔓时要做到新梢均匀排列，以充分利用架面。绑缚时应防止新梢与铁丝接触以免磨伤。架面铁丝处要固定死，以免移动位置，扰乱枝蔓在架面上的分布。新梢处要求绑松，以利新梢加粗生长。

四、作业与思考题

1. 根据实际情况，写出实习果园的修剪方案。

2. 简述桃、葡萄生长季修剪要点。

3. 观察分析同一类型修剪方法在不同树种上的反应。

4. 简述冬季及生长季修剪的主要方法和作用。

项目二十九 设施果树病虫害防治

一、目的与要求

病虫害综合治理是对有害生物的一种管理系统。它按照有害生物的种群动态及其与环境的关系，尽可能协调运用适当的技术和方法，使其种群密度保持在经济允许的危害水平以下。

设施果树绿色防控技术是在设施果树中以促进农作物安全生产、减少化学农药使用量为目标，采取生态控制、生物防治、物理防治等环境友好型措施来控制有害生物的行为。实施绿色防控是贯彻"公共植保"和"绿色植保"理念的重大举措，是发展现代农业、建设"资源节约、环境友好"两型农业，促进农业生产安全、农产品质量安全、农业生态安全和农业贸易安全的有效途径。

栽培果树的设施（如温室或大棚）是一种人工系统。其光、温、水、肥、气均可调控，且设施之间相互隔离，外部病虫难以传入，每个设施的面积相对较小，为病虫害综合治理提供了有利条件。如封闭的环境有利于进行生物防治，可控的生态条件有利于预测预报及提高预测预报精确度等。但是，由于设施覆盖物的作用，设施内温湿度较高，果树生长发育时期发生了较大变化，同时也为病虫的繁衍和危害创造了条件。总之，设施果树病害发生严重，虫害发生相对较轻。通过实地调查设施果树的病虫害发生种类及情况，掌握设施果树病虫害的一般调查方法，为科学合理制订设施果树绿色防控计划提供依据。

二、材料与用具

放大镜、记录本、标本采集桶、标本夹、塑料袋、剪枝剪等。

三、步骤与方法

（一）实验内容与方法

（1）调查内容　调查设施果园中各种果树病害，同时由学生自己采集典型病害标本，带回后经过压制、晾干或保湿培养。于下次实验时带到实验室内，自己制片、镜检，鉴定病害种类及名称。

（2）调查时间　视具体情况而定。

（3）调查中的取样方法　　调查时，取样方法很重要，它直接关系到调查结果的准确性。对一个果园进行病害调查，首先要巡视果园的基本情况，根据果园的面积大小、地形、地势、品种分布及栽培条件等因素和病害的发生传播等特点决定选点方式。常用的取样方式有以下几种。

① 对角线式　　在地势平坦、地形偏正方形、土质肥力、品种及栽培条件基本相同的地块，对由气流传播的病害，可用对角线式进行调查。调查时在对角线上或单对角线上取5～9个点进行调查，点的数量根据人力而进行增减。一般点内抽查株数应不低于全园总株数的5％。

② 顺行式　　顺行式调查是果树病害中最常用的调查方法。对于分布不很均匀的病害，尤其是对检疫性病害和病害种类的调查，为防止遗漏，可用顺行式调查法。根据需要和可能，可以逐行逐株调查或隔行隔株调查。

③ "Z"形式　　对于地形较为狭长而地形地势较为复杂的梯田式果园，可按"Z"形排列或螺旋式取样法进行调查。

④ 五点取样　　在较方正的果园内，离边缘一定距离的四角和中央各取一点，每点视其树龄大小取1～3株进行调查。

⑤ 随机取样　　在病害分布均匀的果园，根据调查目的，随机选取5％左右的样作为调查样本。但应注意随机取样不等于随意取样或随便取样，样点不要过于集中或有意挑选，应适当地分散在整块地中。

无论采用何种方式进行调查，都要避免在果园的边行取样，注意选点均匀、有代表性，使调查结果能准确反映田间实际病情。样点的分布和取样数量应根据病害特点和果园具体情况决定，通常由气流、风雨和昆虫传播的病害，发病情况比较一致，取样数量可以少一些；而由土壤、苗木和接穗传播的病害，在果园病情分布差异较大，则取样要注意均匀，样点数量应适当多一些。果园条件比较单一，取样数量可少；反之，果园条件比较复杂，取样数量应适当增多。

样点内各部位发病情况的调查：在样点内取一定的样树，然后在每一样树的树冠上梢、内膛、外围和下部等部位及东、西、南、北各方向，根据病害特点各取若干枝条、叶片或果实等进行调查。一般情况下，叶部病害调查每样树取300～500张叶片，果实病害调查每样树取100～200个果实。若采收后或贮藏期，可在果堆中分上、中、下三层共取500个果进行调查。枝干病害则应调查样点树的全部枝干发病情况。

（二）常见设施果树病虫害及防治

1. 核果类

本次实验以设施桃树为例。

（1）穿孔病　　分为细菌性穿孔病、褐斑穿孔病、霉斑穿孔病等。叶、果、枝梢均可发病，叶片发病形成斑点，以后病斑干枯形成穿孔，严重时引起早期落叶。穿孔病发生与气候、树势、管理及品种有关。温暖阴湿、通风透光差、偏施氮肥或树势弱均有利于病菌侵染，发病重。

防治该病，一是结合修剪，及时剪除病枝，清除病叶；二是花芽膨大期喷施3～5波美度石硫合剂，落花后喷施农用链霉素，展叶后至发病前喷施代森锌等防治。

(2) 桃褐腐病　桃褐腐病危害桃树的花、叶、枝梢及果实，以果实受害最重。开花期及幼果期低温高湿，果实成熟期温暖、高湿发病严重。树势衰弱、管理不良和土壤积水或枝叶过于茂密、通风透光差的果园发病较重。

防治该病，一是结合修剪做好清园工作，彻底清除病果、病枝，集中烧毁；二是及时防治害虫，减少虫害和虫伤；三是发芽前喷3～5波美度石硫合剂，落花后10～15d喷代森锌、甲基硫菌灵。褐腐病发生严重的果园，可在花前、花后各喷1次腐霉利等。

(3) 桃炭疽病　该病主要危害果实，也可危害叶片和新梢。幼果于硬核前开始染病，病斑红褐色，中间凹陷。病害果除少数残留于枝梢外，绝大多数脱落。成熟期果实发病，病斑凹陷，具明显的同心环纹和粉红色稠状分泌物，并常融合成不规则大斑，最后果实软腐，多数脱落。桃品种间的抗病性有很大差异，早熟、中熟品种发病较重，晚熟品种发病较轻。开花及幼果期低温、潮湿易发病。果实成熟期，以温暖、高湿环境发病较重。管理粗放、留枝过密、土壤黏重、排水不良以及树势衰弱的果园发病较重。

防治该病，一是清除僵果、病果、病枝、病叶；二是萌芽前喷3～5波美度石硫合剂，花前和落花后喷甲基硫菌灵、多菌灵、代森锰锌等药剂防治。

(4) 蚜虫　为害桃树的蚜虫主要有桃蚜、桃粉蚜和桃瘤蚜3种。蚜虫1年发生10～20代。新梢展叶后开始为害，有些在盛花期为害花器，刺吸子房，影响坐果。桃蚜对白色和黄色有趋性，可设置黄色器皿或挂黄色黏胶板诱杀。萌芽期和虫害发生期，除施用烟雾剂外，还可喷吡虫啉、苦参碱、烟碱乳油等防治。

(5) 桑白蚧　桑白蚧以若虫和成虫刺吸寄主汁液，虫量特别大时，完全覆盖住树皮，甚至相互叠压在一起，形成凹凸不平的灰色蜡质物。为害严重时可造成整株死亡。

防治该虫，一是休眠期用硬毛刷刷掉枝条上的越冬雌虫，并剪除受害枝条集中烧毁；二是萌芽前喷3～5波美度石硫合剂，严重的可于休眠期喷3％～5％柴油乳剂，注意一定要在幼虫出壳、尚未分泌蜡粉之前的1周内用药效果较好，可喷施溴氰菊酯、噻嗪酮等药剂。

2. 浆果类

本次实验以设施葡萄为例。

(1) 灰霉病　葡萄灰霉病主要危害花序、幼果和将要成熟的果实，也可侵染果梗、新梢与幼嫩叶片。过去露地葡萄很少发生。但是目前灰霉病已发展成为葡萄的主要病害，不但危害花序、幼果，成熟果实也常因该病菌的潜伏存在，已成为储藏、运输、销售期间引起果实腐烂的主要病害。特别是设施栽培葡萄，发生更为严重。

防治方法：花前和果实成熟期各喷 1～2 次杀菌剂，50％多菌灵 750 倍液，或 60％甲霜锰锌可湿性粉剂 500 倍液、75％百菌清可湿性粉剂 600 倍液，每隔 15d 施用 1 次，连续 3～4 次。

（2）霜霉病 葡萄霜霉病是我国葡萄产区的主要病害之一。在高温多湿的条件下发病较重。主要危害叶片，也危害新梢、卷须、花蕾和幼果。

防治方法：①清除病原，冬、夏剪时，将剪掉或脱落的病枝、病果、病叶清扫干净并烧毁，以减少越冬病原；②加强栽培管理，生长期注意通风换气控湿，并适当增施磷钾肥和微量元素肥料，健壮枝叶；③发病期用 58％瑞毒锰锌可湿粉剂 700 倍液，或 64％甲霜锰锌可湿粉剂 500 倍液、75％百菌清可湿性粉剂 600 倍液，每隔 10d 左右喷 1 次，全生长季喷 2～3 次。

四、作业与思考题

简要说明常见的设施桃及葡萄病虫害及其防治技术。

第三章
设施蔬菜栽培实验实训技能

项目三十　设施蔬菜种子识别

一、目的与要求

蔬菜种子形态是识别不同蔬菜种类、鉴别种子真实性的重要依据之一。因此，蔬菜种子识别是从业人员的基本技能，是进行栽培活动的基础。通过本项目，掌握各种蔬菜种子尤其是芸薹属、南瓜属、葱属蔬菜种子的外部形态特点和内部结构，使学生能够准确识别和区分常见蔬菜种子，并能够初步判断种子的新陈和生活力。

二、材料与用具

1. 材料

（1）休眠种子　各种蔬菜的种子（芸薹属、萝卜属、茄科、南瓜属、葱属、豆科、绿叶菜类等）。

（2）吸水膨胀的种子　萝卜、黄瓜、番茄、菜豆、菠菜等。

（3）新、陈种子　菜豆、韭菜、印度南瓜等。

（4）发芽的种子　蚕豆、韭菜、黄瓜等。

2. 用具

解剖镜、放大镜、解剖针、镊子、钢卷尺、刀片等。

三、步骤与方法

（一）形态特征认知

1. 十字花科

十字花科蔬菜种子是弯生胚珠发育而成。其形状为扁球形、球形至椭圆形，色泽有浅褐色、红褐色、深紫色至黑色。种皮有网纹结构，无胚乳，胚为镰刀状，子叶呈肾形，每片子叶褶叠，分列于胚芽两侧。

（1）芸薹属 这类种子包括甘蓝类、大白菜、小白菜、芥菜类4类。同一类蔬菜不同品种之间有较大差异。种子形状相似，均为球形，单纯依靠肉眼作种子形态鉴定，一般难以区分到种或变种，可用种皮切片镜检、化学鉴定、物理鉴定，最可靠的是盆栽或田间鉴定。

（2）萝卜属 种子较大，不规则形，有棱角。种子为红褐色和黄褐色两种，种脐明显有沟。白萝卜类型种子黄色，红萝卜类型种子黄褐色。

2. 葫芦科

葫芦科蔬菜种子是倒生胚珠发育而成，种子扁平，形状呈纺锤形、卵形、椭圆形等。色泽洁白、淡黄、红褐色至黑色，为单色或杂色。发芽孔与脐相邻，合点在脐的相对方向，有明显的种喙，喙平或倾斜。种子边缘有翼或无翼，无胚乳，子叶肥大，富含油脂。

（1）黄瓜属 种子灰黄或灰白色，纺锤形或披针形，无凸起的边缘。

（2）冬瓜属 种子近倒卵形，种皮有疏松的软质，且较厚。

（3）南瓜属 种子大、有边，扁卵形，白、黄或灰黄色。包括中国南瓜、印度南瓜和美洲南瓜，这3种南瓜种子一般不易分辨。

3. 茄科

茄科蔬菜种子扁平，形状圆形至肾形不等，色泽黄褐色至红褐色，种皮光滑或被茸毛。胚乳发达，胚埋在胚乳中间，卷曲成涡状，胚根突出于种子边缘。

（1）番茄 种子扁平，肾形，种皮为红、黄、褐等色，并披有白色茸毛。种子常呈灰褐、黄褐、红褐等色。

（2）辣椒 种子扁平，较大，略呈方形。新鲜种子为浅黄色，有光泽；陈种子为黄褐色。种皮厚薄不均，具有强烈辣味。

（3）茄子 种子扁平，有圆形种及卵形种两种，圆形种脐部凹入甚深，多数属长茄。卵形种脐部凹入浅，多数属圆茄。种皮黄褐有光泽，陈种子或采种不当的种子呈褐色或灰褐色，种皮组织致密，并有凸起的网纹。

4. 豆科

豆科蔬菜种子形状有球形、卵形、肾形及短柱形。种皮坚韧光滑或皱缩，种皮颜色因品种而异，有纯白、乳黄、淡红、紫红、浅绿、深绿及墨绿等各种颜色，单色或杂色，具斑纹。无胚乳，胚直形或稍弯曲，有两枚肥大子叶，富含蛋白质和脂肪。

（1）菜豆（矮生或蔓生） 种子肾形、卵形、圆球、筒形，有斑纹或颜色纯净一致，种脐短而多白色。种皮光滑，具光泽，种子有白、黑、褐、棕黄或红褐色。

（2）豇豆 种粒较菜豆小，长椭圆形或圆柱形或稍肾形，黄白色、暗红色或其他颜色，唯种皮具皱纹、光泽暗。

（3）豌豆　种子圆球形，土黄或淡绿色，多皱或光滑。种脐椭圆，为白色或黑色。

（4）蚕豆　种子宽而扁平的椭圆形，微有凹凸。种子大，种脐黑色或与种皮同色。种皮青绿或淡褐色。

（5）菜豆　种子扁平的宽肾形，白色、红色、紫色或具花纹。种脐位于一侧，椭圆，白色，无光，脐面突于种皮之上。种子中等大小。

（6）豆薯　种子近长方形，但四角处圆滑，红褐色，具光泽。

（7）眉豆　种子椭圆形，种脐隆起，大且偏于一端，种脐均为白色，种子黑色或白色两种。

5. 百合科

百合科蔬菜种子为球形、盾形或三棱锥形。种皮黑色，平滑或有皱纹，单子叶，有胚乳，胚呈棒状或弯曲呈涡状，埋藏在胚乳中。

（1）韭菜、韭葱、洋葱及大葱　这4种均为葱属蔬菜。种子形状相似，均为黑色，一般不易分辨，需通过依据种子外形，表面皱纹的粗细、多少、排列以及脐凹深浅等特征仔细区分，或通过田间栽培实验加以区分。

（2）石刁柏　种粒较大，近球形。种子黑色，较平滑，具光泽。

6. 伞形科

伞形科种子属双悬果，由两个单果组成。果实背面有肋状凸起，称果棱。棱下有油腺，各种伞形科种子都有特殊芳香油，每一单果含种子一粒，胚位于种子尖端，种子内胚乳发达，双悬果为椭圆体黄褐色。

（1）芹菜　种子果实小，每一单果有白色的初生棱5条，棱上有白色种翼，次生棱4条，次生棱基部和种皮下排列着油腺。

（2）胡萝卜　种子双悬果为椭圆球形至卵形不等，果皮黄褐色或褐色，成熟后极易一分为二。每一单果有初生棱5条，棱上刺毛短或无，次生棱4条，上有一列白色软刺毛，邻近顶端之刺尖常为钩状，具油腺。

（3）芫荽（香菜）　种子双悬果为球形，成熟后双悬果不易分离，果皮棕色坚硬，有果棱20多条。

（4）茴香　种子果实较大，半长卵形（两个果实合成长卵形），果皮黄褐色，果棱13条。

（5）防风　种子果实扁平，周围有种翼，组成近圆形的单果。解剖单果可以发现种子扁平，匙形，种皮深黄色，不易剥离。

7. 藜科

藜科种子种皮表面纹饰具有多样性，种间差异显著。

（1）菠菜　有刺菠菜，种子果实为单果，较大，近菱形或多角形，灰褐色，果实表面有刺，果皮硬；无刺菠菜，种子呈不规则形或球形，灰褐色，果皮硬。

（2）根甜菜 种子是聚合果，一般由三个果实结合成球状，表面多皱，灰褐色。

8. 菊科

菊科种子是下位瘦果，由二心皮的子房及花托形成，果皮坚韧。多数果实扁平。形状梯形、纺锤形至披针形不等。果实表面有纵行，果棱若干条。种皮膜质极薄，容易和果皮分离，直生胚珠。一般子叶肥厚，无胚乳。

（1）团叶生菜 种子银灰色，菱形。

（2）花叶生菜 种子短棱柱形，灰黄色，颜色不纯净，果实四周有纵行果棱14条，果实顶端有环状冠毛一束。

（3）莴笋 种子果实扁平，褐色，披针形，果实每面有纵行果棱9条，果棱间无斑纹。

（4）茼蒿 种子短柱形，深黑褐色，有棱。

（5）牛蒡 种子长扁卵形，略弯，正背面各有一条明显皱纹，褐色。果实每面有纵行果棱10条，果棱间有斑纹。

9. 苋科

苋科种子小、凸透镜状或肾形。

苋菜：种子为扁卵形至圆形，边缘有脊状凸起，种皮黑色具强光泽。在解剖镜下观察，种皮上有不规则的斑点，有胚乳，胚弯曲成环状，中间及周围为胚乳所填充。

10. 番杏科

番杏：种子近棱锥形，底面为菱形，其上四角隆起，灰褐色。

11. 落葵科

落葵：种子壶状，种面具密浅皱，黑色，具硬壳。

12. 锦葵科

（1）黄秋葵 种子短肾形，黑色，上披一层黄绿色附属物，残存着白色珠柄。

（2）冬寒菜 种子小，扁平的肾形，黄灰色，具平行浅纹10条。

13. 旋花科

蕹菜：种子外形像把一个球分成的1/4形状，即形似1/4球形，褐色，表面被白色茸毛，光泽暗。

14. 禾本科

甜玉米：种子形状似普通玉米，但多皱褶，半透明。

（二）描绘种子外观

借助体视显微镜，用铅笔描绘一种蔬菜种子外观，描绘时要注意该种子的外观特征，不可遗漏。用解剖针和刀片纵切已吸水膨胀的番茄、菠菜、菜豆、萝卜、黄瓜种子，在解剖镜和放大镜下观察5种胚的形态，并判断有无胚乳。

（三）识别能力检测

借助体视显微镜、放大镜等，观察无标识种子标本，在教师的指导、监督下，检验识别正确率。

四、实践内容

（一）蔬菜种子外部形态

种子的形态是鉴别蔬菜种类、判断种子质量的重要依据。种子的形态特征包括种子外形、大小、色彩、表面的光洁度、沟、棱、毛刺、网纹、蜡质、凸起物等。

1. 种子的形状

种子的形状有球形、卵形、卵圆形、扁圆形、椭圆形、棱柱形、盾形、心脏形、肾形、披针形、纺锤形、舟形、不规则形等。

2. 种子的大小

一般把种子分成大粒、中粒、小粒三级。大粒如豆科、葫芦科等，中粒如茄科、藜科、百合科等，小粒如十字花科和伞形科等。种子大小的表示方法有3种。

① 按种子的子粒重（g）表示，最常用。

② 按1g种子含的颗粒数表示。

③ 用种子的长、宽、厚表示。为减少测量误差，可取5粒或10粒的平均值来表示。

3. 种子的色泽

种子的色泽是指种皮或果皮色泽，有无光泽，有无斑纹，颜色纯净一致或杂色。

4. 种子的表面状况

种子的表面状况主要是指种子表面是否光滑，是否有瘤状凸起、有棱、有皱纹、有网纹以及是否有其他附属物如茸毛、刺毛、蜡层等，种喙及种脐正、歪，豆类种子外面有明显的脐条、发芽孔及合点等。

5. 种子的气味

种子的气味是指种子有无芳香味或特殊的气味（如伞形花科蔬菜种子）。

（二）蔬菜种子的内部构造

大多数蔬菜种子的结构包括种皮和胚，但有些种子还含有胚乳。

1. 种皮

种子的最外层包被着种皮，它是一种保护组织，由一层或二层珠被发育而成。属于果实的蔬菜种子，所谓的"种皮"主要是由子房所形成的果皮。而真正的种皮或成为薄膜状，如菠菜、芹菜种子；或被挤压破碎，粘贴于果皮的内壁而混成一体，如莴苣种子。种皮的细胞组成和结构，是鉴别蔬菜的种与变种的重要特征之一。如芸薹属种与变种间在种子外观上不易区分，而从种皮结构就较易辨别。种皮细胞中，不含原生质（无生命细胞），细胞间有许多孔隙，形成多孔性结构。

种皮上有与胎座相连接的珠柄的断痕，称为"种脐"。种脐的一端有一个小孔，称为"珠孔"，种子发芽时胚根从珠孔伸出，所以也叫"发芽孔"。豆类蔬菜种子的种脐部分的形态特征，常用来区别种和变种。发芽孔大小与紧密程度直接与吸水速度有关。

2. 胚

胚是种子最重要的组成部分，是由受精卵发育而成的幼小植物体的雏体，由胚根、胚芽（上胚轴）、胚轴（下胚轴）、子叶及夹在子叶间的初生叶原基所组成。胚的发育程度及其形状又依蔬菜种类及成熟度而异。有的种子外形正常，但由于未能受精或受精后在胚的发育过程中受到某些不利条件的影响而中途停止发育或发育很小，甚至已经形成的组织也可能中途解体，成为无胚现象。

胚的形态依作物种类而异，是由卵细胞和精子结合发育而成的，是植物体的雏形。它是由胚根、胚轴、子叶和胚芽组成，胚的形态一般有 5 种。

① 直立胚 胚根、胚轴、子叶和胚芽等与种子的纵轴平行，如菊科、葫芦科蔬菜。

② 弯曲胚 胚弯曲成钩状，如豆科蔬菜。

③ 螺旋形胚 胚呈螺旋形，且不在一个平面内，如茄科、百合科蔬菜。

④ 环形胚 胚细长，沿种皮内层绕一周呈环形，胚根和胚芽几乎相接，如藜科蔬菜。

⑤ 折叠胚 子叶发达，折叠数层，充满种子内部，如十字花科蔬菜。

无胚乳的蔬菜种子，如瓜类、豆类等，胚的大部分为子叶，占满整个种子内部，贮存大量的养分。有胚乳的蔬菜种子，如番茄、菠菜、芹菜、韭菜、葱等，胚埋藏在胚乳之中。

种子在发芽过程中，幼胚的生长依靠子叶和胚乳提供所需的营养和能量。种子幼胚色泽鲜洁，胚乳色白；腐坏或变质的种子幼胚变暗色，组织含水多或崩毁粉碎。子叶不仅本身贮存养分用于种子发芽，且幼苗出土后是最早发生的同化器官，子叶大小及发育好坏对壮苗以及以后的生长发育有较明显的作用。

3. 胚乳

大多数蔬菜种子的结构包括种皮和胚。有些种子还含有胚乳。胚乳是种子贮藏营养物质的场所,如茄科、伞形花科、百合科、藜科蔬菜等皆为有胚乳种子。而豆科、葫芦科、菊科、十字花科蔬菜种子在发育过程中其胚乳已为胚所吸收,将养分贮藏于子叶中,称为无胚乳种子。

(三)蔬菜新、陈种子对比

1. 大白菜、萝卜等十字花科蔬菜

新种子,表皮光滑,有清香味,用指甲压开后成饼状,油脂较多,子叶浅黄色或黄绿色。陈种子,表皮发暗无光泽,常有一层"白霜",用指甲压碎而种皮易脱落,油脂少,子叶深黄色,如多压碎一些,可闻到"哈喇"味。

2. 黄瓜

新种子,表皮有光泽,为乳白色或白色,种仁含油分,有香味,顶端的毛刺较尖,将手插入种子袋内,拿出时手上往往挂有种子。陈种子,表皮无光泽,常有黄斑,顶端的毛刺钝而脆,将手插入种子袋内,种子往往不挂在手上。

3. 茄子

新种子,表面乳黄色,有光泽,用门牙咬种子易滑掉。陈种子,表皮为土黄色,发红,无光泽,用门牙咬种子易咬住。

4. 辣椒

新种子,辣味大,有光泽。陈种子,辣味小,无光泽。

5. 芹菜

新种子,表皮黄色稍带绿,辛香气味较浓。陈种子,表皮为深土黄色,辛香味较淡。

6. 胡萝卜

新种子,种仁白色,有香味。陈种子,种仁黄色或深黄色,无香味。

7. 菠菜

新种子,种皮黄绿色,清香,种子内淀粉为白色。陈种子,种皮土黄色或灰黄色,有霉味,种子内部淀粉浅灰色到灰色。

8. 菜豆等豆类蔬菜

新种子,种皮色泽光亮,脐白色,子叶黄色带白,子叶与种皮紧密相连,从高处落地声音实。陈种子,种皮色暗,不光滑,脐发黄,子叶深黄色或土黄色,子叶与种皮脱离,从高处落地声音发空。

(四)发芽种子的观察

种子的萌发方式与播种关系密切,了解蔬菜种子萌芽的方式很有必要。蔬菜种子的萌芽有以下两种方式。

1.出土萌发

出土萌发即播种萌芽后子叶出土可见。常见蔬菜中除蚕豆、豌豆和多花菜豆以外，绝大多数都属此类。此类萌发中又有所谓的弓形出土和带帽出土现象。弓形出土是葱蒜类种子萌发的一种特殊形式。种子萌发时子叶先伸长，迫使胚根、胚轴穿出种皮，幼根穿出种皮就向下生长，子叶先端仍留在种子内吸收胚乳中的养分，露出土面的胚根弯曲成钩状，因此叫弓形出土。以后随着胚轴进一步伸长，子叶从种壳脱出、出土、伸展到直立。一些出土萌发的瓜类，有时子叶顶着种皮出土，叫带帽出土。带帽出土会使子叶难以舒展，对幼苗的生长不利。

2.留土萌发

留土萌发即种子萌发时子叶留在土内不露出土面，如蚕豆、豌豆和多花菜豆。这类种子顶土能力相对较强，播种时可适对深一些，但秧苗移植则较难成活。

五、作业与思考题

1. 准确识别出南瓜属、葱属、芸薹属蔬菜种子。

2. 对各种蔬菜种子的外观特征进行准确描述，并填写蔬菜种子形态特征记载表（表30-1）。

表 30-1　蔬菜种子形态特征记载表

种子名称	科名	形状	颜色及光泽	特征	种子或果实	其他

设施蔬菜植物的种类与识别

围很广，凡是一年生、二年生及多年生的草本植物（含少量木本
┄┄叶的产品器官作为副食品的，均可列入蔬菜植物的范畴。我国幅
┄┄栽培植物的起源中心之一，蔬菜植物种类繁多。据不完全统计，全
┄┄过 450 种，我国约有 56 科，229 种，其中高等植物 32 科，201 种，
┄┄培的有 50～60 种。而同一种类中还有许多变种，每一变种中又有许
┄┄方便学习和研究，可以把蔬菜按 3 种方法进行系统分类：植物学分类
┄┄属分类法和农业生物学分类法。每种分类法各有优缺点。从栽培角度
┄┄生物学分类法更为适用。

（二）任务要求

通过观察各种蔬菜的外部形态特征，能够正确识别和区分常见蔬菜种类，并掌握各种蔬菜的重要特征及其在分类上的地位，为进一步学好蔬菜栽培学及改进栽培技术奠定基础。

二、材料与用具

1. 材料

田间栽培的各种类别蔬菜植株、实验室购买的新鲜蔬菜产品、浸泡标本、蜡制模型、挂图、教学课件等。

2. 用具

经清洗消毒的托盘、餐刀等餐具，记录纸。

三、步骤与方法

（一）掌握分类知识

1. 植物学分类法

植物学分类法指的是按照植物分类学的分类方法（界、门、纲、目、科、属、种）对蔬菜植物进行分类的方法。一般栽培的蔬菜除食用菌外，都属于种子植物门，分属双子叶植物和单子叶植物。在双子叶植物中，以十字花科、豆科、茄科、葫芦科、伞形科、菊科 6 个科为主；在单子叶植物中，以百合科、禾本科 2 个科为主。

（1）十字花科　包括萝卜、芜菁、白菜（含大白菜、普通白菜等）、甘蓝（含结球甘蓝、茎蓝、花椰菜、木立花椰菜等）、芥菜（含根用芥菜、茎用芥菜、叶用芥菜等）等。

（2）伞形科　包括芹菜、胡萝卜、茴香、芫荽等。

（3）茄科　包括番茄、茄子、辣椒、马铃薯等。

（4）葫芦科　包括黄瓜、西葫芦、南瓜、笋瓜、冬瓜、丝瓜、瓠瓜、苦瓜、佛手瓜、西瓜、甜瓜等。

（5）豆科　包括菜豆（含矮生菜豆、蔓生菜豆）、豇豆、豌豆、蚕豆、菜用大豆、扁豆、刀豆等。

（6）百合科　包括韭菜、大葱、洋葱、大蒜、韭葱、金针菜（黄花菜）、芦笋（石刁柏）、百合等。

（7）菊科　包括莴苣（含结球莴苣、散叶莴苣等）、莴笋、茼蒿、牛蒡、菊芋、朝鲜蓟等。

（8）禾本科　包括茭白、甜玉米等。

植物学分类的优点是能了解各种蔬菜间的亲缘关系，在杂交育种、培育新品种及种子繁育等方面有重要意义。凡是进化系统和亲缘关系相近的各类蔬菜，在形态特征、生物学特性以及栽培技术方面都有相似之处。如结球甘蓝与花椰菜，虽然前者食用的是叶球，后者食用的是花球，但它们同属一个种，又属异花授粉作物，彼此容易杂交，在杂交育种和留种时要注意隔离。茎用芥菜（榨菜）、根用芥菜、雪里蕻也有类似情况，形态上虽然相差很大，但都属于芥菜一个种，可以相互杂交。又如番茄、茄子和辣椒都属于茄科，西瓜、甜瓜、黄瓜、南瓜都属于葫芦科，它们不论在生物学特性、栽培技术，还是在病虫害防治方面，都有共同之处。

植物学分类法也有缺点，有的蔬菜虽然同属一个科，但是栽培方法、食用器官和生物学特性却未必相近。如同属茄科的番茄和马铃薯，其特性、栽培技术、繁殖方法差异很大。

2. 食用器官分类法

根据食用器官的形态，可将蔬菜植物（食用菌等特殊种类除外）分为根菜类、茎菜类、叶菜类、花菜类、果菜类5类。

（1）根菜类 指以肥大的根部为产品器官的蔬菜。

① 肉质根类 以种子胚根生长成的肥大的主根为产品的蔬菜，如萝卜、胡萝卜、根用芥菜、芜菁甘蓝、芜菁、辣根、美洲防风、根用甜菜、婆罗门参等。

② 块根类 以肥大的侧根或营养芽发育成的根膨大为产品的蔬菜，如豆薯、甘薯等。

（2）茎菜类 以肥大的茎为产品的蔬菜。

① 肉质茎类 以肥大的地上茎为产品的蔬菜，有莴笋、茭白、茎用芥菜、球茎甘蓝（苤蓝）等。

② 嫩茎类 以萌发的嫩芽为产品的蔬菜，如石刁柏、竹笋、香椿等。

③ 块茎类 以肥大的块茎为产品的蔬菜，如马铃薯、菊芋、草石蚕、山药等。

④ 根茎类 以肥大的根茎为产品的蔬菜，如莲藕、姜等。

⑤ 球茎类 以地下的球茎为产品的蔬菜，如慈姑、芋等。

（3）叶菜类 以鲜嫩叶片及叶柄为产品的蔬菜。

① 普通叶菜类 如普通白菜（小白菜）、叶用芥菜、乌塌菜、蕹菜、散叶莴苣、落葵、紫苏、芥蓝、荠菜、菠菜、苋菜、番杏、叶用甜菜、莴苣、茼蒿、芹菜等。

② 结球叶菜类 如结球甘蓝、大白菜、结球莴苣、包心芥菜等。

③ 辛香叶菜类 如大葱、韭菜、茴香、芫荽等。

④ 鳞茎类 由叶鞘基部膨大形成鳞茎的蔬菜，如洋葱、大蒜、胡葱、百合等。

（4）花菜类 指以花器或花枝为产品的蔬菜。

① 花器类　以花器为产品的蔬菜，如金针菜、朝鲜蓟等。

② 花枝类　以肥嫩的花枝为产品的蔬菜，如花椰菜、木立花椰菜、菜薹、芥蓝等。

（5）果菜类　以果实及种子为产品的蔬菜。

① 瓠果类　如南瓜、黄瓜、西瓜、甜瓜、冬瓜、丝瓜、苦瓜、蛇瓜、佛手瓜等。

② 浆果类　如番茄、辣椒、茄子等。

③ 荚果类　如菜豆、豇豆、刀豆、豌豆、蚕豆、菜用大豆等。

④ 杂果类　如甜玉米、草莓、菱角、秋葵、芡实等。

因为在蔬菜生产中，相同食用器官在形成时对环境条件的要求常常很相似，因此，食用器官分类法对掌握同类蔬菜栽培关键技术有一定意义。如根菜类中的萝卜和胡萝卜，虽然分别属于十字花科和伞形科，但它们对栽培条件的要求很相似。

食用器官分类法也有缺点，有的类别，食用器官虽然相同，但是生长习性及栽培方法相差很大。如莴笋和茭白，同为茎菜类，但一个是陆生，一个是水生，其生活习性和栽培方法根本不同。而有些蔬菜，如花椰菜、结球甘蓝、球茎甘蓝，分别属于花菜、叶菜和茎菜，但三者要求的环境条件却很相似。

3. 农业生物学分类法

以蔬菜的农业生物学特性和栽培技术为依据进行分类，即根据农业上的要求，将植物学上系统相近、产品器官相同、生物学特性和栽培技术相似的蔬菜归为一类。目前，可将蔬菜分为 12 类或 13 类。这种方法综合了上述两种方法的优点，比较适合生产上的要求。

（1）白菜类　此类蔬菜以柔嫩的叶片、叶球、花薹为产品，大多数为二年生植物，种子繁殖，适合育苗移栽。其根系较浅，要求保水保肥力良好的土壤，喜欢温和气候，耐寒不耐热。主要有：大白菜（结球白菜）；不结球白菜栽培亚种，包括普通白菜、乌塌菜、菜薹；芥菜栽培种，包括叶用芥菜、茎用芥菜（榨菜）、分蘖芥菜、根用芥菜等多个变种。

（2）甘蓝类　以柔嫩的叶球、花球、肉质茎等为产品。生长特性和栽培技术与白菜类相似。包括结球甘蓝、球茎甘蓝（苤蓝）、花椰菜（菜花）、木立花椰菜（青花菜、西兰花）等很多变种。

（3）根菜类　以其肥大的肉质直根为食用部分，均为二年生植物，种子繁殖，不宜移栽。起源于温带，要求温和的气候，耐寒不耐热，要求土层疏松深厚，以利于形成良好的肉质根，包括萝卜、胡萝卜、根用芥菜、芜菁等。

（4）绿叶菜类　以幼嫩的绿叶或嫩茎为产品。这类蔬菜生长迅速，要求肥水充足，尤以速效性氮肥为主；植株矮小，适合间作套种。种子繁殖，除芹菜外，一般不育苗移栽。包括菠菜、芹菜、莴笋、莴苣、芫荽、茴香、茼蒿、苋菜、蕹菜、落葵等十几种。这类蔬菜对温度条件的要求差异很大，可分为两类：苋菜、蕹菜、落葵等耐热类型；其他大部分为喜温和、较耐寒类型。

（5）葱蒜类　包括韭菜、大葱、大蒜、洋葱、韭葱等，都属于百合科。一般为二年生作物，除大蒜用鳞芽繁殖外，其他均用种子繁殖。根系不发达，要求土壤湿润肥沃，生长要求温和气候，但耐寒性和抗热力都很强，对干燥空气忍耐力强，鳞茎或鳞芽形成需要长日照条件，其中大蒜和洋葱在炎夏进入休眠。

（6）茄果类　以果实为产品。多数为一年生蔬菜，喜温暖，不耐寒，露地栽培时只能在无霜期生长，根群较发达，要求深厚的土层。对日照长短要求不严格。种子繁殖，适合育苗移栽，包括番茄、茄子和辣椒等。

（7）瓜类　包括黄瓜、西葫芦、南瓜、笋瓜、冬瓜、丝瓜、瓠瓜、苦瓜、佛手瓜等葫芦科植物，以果实为产品。茎蔓生，雌雄同株异花。喜温暖，不耐寒，生育期要求较高温度和充足阳光。栽培上常搭架和整枝。一般用种子繁殖。

（8）豆类　包括菜豆、豇豆、豌豆、蚕豆、菜用大豆、刀豆、扁豆、四棱豆等豆科植物，以果实为产品。除蚕豆和豌豆耐寒以外，其余均要求温暖的气候条件，豇豆和扁豆耐高温。通常为一年生。有发达的根群，又有根瘤菌固氮，因此需要氮肥较少。种子直播，根系不耐移植，蔓生种需要搭架栽培。

（9）薯芋类　包括马铃薯、山药、芋头、生姜、甘薯等。以富含淀粉的块茎、球茎、根状茎、块根等为产品。除马铃薯不耐炎热外，其余都喜温耐热。要求湿润肥沃的疏松土壤。生产上多用无性器官繁殖。

（10）多年生蔬菜　主要包括黄花菜、芦笋（石刁柏）、百合、草莓、仙人掌、芦荟、木本植物香椿、草本植物竹笋等。繁殖一次，可连续收获多年。在温暖季节生长，冬季休眠，对土壤要求不太严格。

（11）水生蔬菜　包括莲藕、茭白、慈姑、芡、菱、豆瓣菜、水芹等。大部分用营养器官繁殖，生长在沼泽地区和水中。为多年生植物，每年温暖和炎热季节生长，到气候寒冷时，地上部分枯萎。

（12）芽苗菜类　萝卜芽、香椿芽、豌豆芽、苜蓿芽、荞麦芽等。

另外，有人认为在这一分类体系中应该增加一个"其他蔬菜类"（或杂类），以解决有些蔬菜按这一体系难以分类的难题，其中应包括甜玉米、秋葵、朝鲜蓟等。

（二）参观

参观蔬菜标本圃、蔬菜市场（或园），或观看多媒体课件、彩色图片等。仔细观察每种蔬菜的生长状况、形态特征（根、茎、叶、花、果），重点观察其食用（产品）器官和花器官，并记载其特点，明确各种蔬菜的分类依据。根据各种蔬菜植物的特征，明确其"植物学分类"的归属，尤其要注意葫芦科、十字花科、菊科、伞形科、旋花科等的花器特征。

（三）实验室内观察

观察标本室陈列的标本、蜡模型、挂图、彩色塑封图片，记录各类蔬菜的产品特征。然后，观察新鲜的蔬菜产品，根据各种蔬菜植物的产品器官特征，明确其"食用器官分类"的归属，并指出是否属于变态根、变态茎、变态叶、变态花器等，并明确属于哪一种变态（如变态茎是嫩茎、块茎还是根状茎等，变态根是直根还是块根等），注意使用准确、规范的名词术语。

（四）品尝蔬菜产品

将材料用清水洗净，用餐刀切开能够生食的蔬菜产品，如西瓜、甜瓜、番茄等，品尝其风味、口感。不能直接食用的蔬菜产品可自行带回，联系食堂、饭店，加工烹调后食用。

四、作业与思考题

1. 根据观察到的蔬菜植物，试填写记载表（表 31-1）。

表 31-1　蔬菜植物分类观察记载表

蔬菜名称	所属科别	食用器官	农业生物学分类	生活周期	拉丁学名	备注

2. 简述蔬菜分类的意义和三种分类法的主要应用。

3. 有哪些蔬菜，在植物学上是同一科，而且食用器官形态也属于同一类？又有哪些是不同类的？

项目三十二　设施蔬菜种子播前处理

一、目的与要求

为了使种子播种后出苗整齐、迅速、减少病害感染，增强种子的幼胚及新生幼苗的抗逆性，在早春、炎夏，特别是育苗前大多都要进行播种前种子处理。播种前对蔬菜种子进行一定处理，是防止种子病害发生、促进种子迅速发芽、培育壮苗的技术措施。

采用温汤浸种、热水烫种以及一般浸种的方法，对指定种子进行播种前处理，而后进行催芽，并统计种子发芽率和发芽势。通过本项目掌握播种前种子处理的方法、种子消毒处理的常用方法及浸种催芽处理的基本方法。

二、材料与用具

1. 材料

黄瓜、番茄、茄子和其他蔬菜种子，高锰酸钾或磷酸三钠等药剂，水及其他材料。

2. 用具

培养皿、滤纸、镊子、烧杯、玻璃棒、开水、温度表、电炉、恒温箱等。

三、步骤与方法

（一）种子消毒

1. 温汤浸种

将一定数量的黄瓜或番茄种子（约 100 粒）置于烧杯中，加入 55℃温水，水量为种子量的 5～6 倍，不停搅拌，并随时加温水，维持 55℃水温 10min；而后加凉水，使水温降至 25～30℃，浸泡 4～5h，而后捞出，稍晾；将种子平铺在有潮湿滤纸的培养皿中（皿盖要留有一定的间隙），置 25～30℃恒温箱中催芽。

2. 热水烫种

取黄瓜或番茄种子 100 粒，置于塑料盆、烧杯或其他容器内，加 85℃水，立即用另一个容器来回倒换，动作要迅速，当水温降至 55℃时，改用搅棒搅动，以后步骤同前述的温汤浸种方法。浸种后的种子若不进行催芽，在浸完洗净后，使水分稍蒸发至互不黏结时，即可播种，或加入一些细沙、草木灰以助分散。另外必须注意的是，经过浸种的种子必须播在湿度适宜的土壤中，若播在干燥土壤中效果反而不如不浸种。

3. 药剂消毒

将要处理的种子浸到一定浓度的药液中，经过 5～10min 的处理，然后取出洗净晾干的一种种子消毒方法。药剂浸种用的是药剂的稀释液，要求选用的药剂一定要溶于水，不能用不溶于水或难溶于水的粉剂农药浸种。因为不溶于水或难溶于水的粉剂农药多浮于水面或下沉，造成种子沾药不均匀，沾药过多易使种子中毒，沾不到药液的种子消毒效果差。因此最好是选用水剂、乳油或可湿性粉剂等剂型。药液的用量至少要保证将种子全部浸没在药液中。浸种所用的药剂浓度不是根据种子质量计算的，而是按照药剂的有效成分含量计算。故浸种的药剂浓度应控制在最大允许用量以内、最小用量以上。在此范围内药剂浓度愈大，浸种时间愈短；反之，则应相应延长浸种时间。因此，浸种药剂浓度要根据不同的品种，掌握其浸种所需要的最佳浓度和浸种时间，既不能用高浓度药剂长时间浸种，也不能用低浓度短时间浸种，否则会造成药害或浸种消毒灭菌的效果不佳。浸种时先将种子用水浸泡，让种子吸水，这样更有利于杀死病菌，然后用清水冲洗干净。常用药剂有 1% 的高锰酸钾溶液、10% 的磷酸三钠溶液、1% 的硫酸铜溶液、福尔马林 100 倍液等。比如，福尔马林 100 倍溶液浸种 15min 后捞出，用清水冲洗干净，可预防茄子褐纹病和黄萎病。

4. 干热处理

干热处理是将种子放在 75℃ 以上的高温下处理，这种方法可钝化病毒，是一种防止病毒传播的有效方法。适用于较耐热的蔬菜种子，如瓜类和茄果类蔬菜种子等。干热处理还可以提高种子的活力。但在进行干热处理时要特别注意的是，接受处理的种子必须是干燥的（一般含水量低于 4%），并且处理时间要严格控制，否则热量会透过种皮而杀死胚芽，使种子丧失发芽的能力。

5. 药粉拌种

对于用干种子进行播种的蔬菜种子，可将药剂与种子混合均匀，使药剂黏附在种子的表面，然后播种。药剂的用量一般为种子质量的 0.2%～0.3%。注意药剂与种子必须都是干燥的。由于药剂用量少不易拌匀，故可加入适量的中型石膏粉、滑石粉或干细土，先将药剂分散，再将种子与之混合，使药剂均匀地附着在种皮上。常用的药剂有：40% 五氯硝基苯可湿性粉剂、70% 敌碘钠可湿性粉剂、50% 多菌灵可湿性粉剂、40% 拌种双（福美·拌种灵）可湿性粉剂、25% 甲霜灵可湿性粉剂等。

（二）浸种

取番茄（或黄瓜）种子若干，然后将种子放入 50～55℃ 温水中浸泡 10min，这期间要不停地搅拌，直至温度下降到 30℃ 搅拌停止，之后，在室温（20～30℃）下继续浸种 3～4h，不同作物的浸种时间各异，见表 32-1。其间每隔 5～8h 换 1 次水。

浸种是保证种子在有利于吸水的温度条件下，在短时间内吸足从种子萌动到出苗所需的全部水量的主要措施。通过浸种使干燥的种子吸水膨胀，种子内部营养物质分解转化。浸种时浸泡的水温、水量和浸泡时间是重要条件。一般水量略大于种子质量的 4～5 倍，浸泡时间以种子充分膨胀为度，水温则根据种子的特性和技术一般分为高温烫种、温汤浸种和凉水浸种。凉水浸种用水温度同室温（20～25℃），比较简单方便，容易操作，十分安全，但无杀菌作用，适于一般季节和普通种子。

表 32-1　主要蔬菜种子浸种水温、时间和催芽温度

蔬菜种类	浸种水温/℃	浸种时间/h	催芽适温/℃
黄瓜	20～30	4～5	20～25
南瓜	20～30	6	20～25
苦瓜	25～35	72	25～30

续表

蔬菜种类	浸种水温/℃	浸种时间/h	催芽适温/℃
番茄	20～30	8～9	20～25
辣椒	30	8～24	22～27
茄子	30～35	24～48	25～30
菠菜	15～20	10～24	浸后播种
香菜	15～20	24	浸后播种
芹菜	15～20	8～48	20～22
韭菜	15～20	10～24	浸后播种
大葱	15～20	10～24	浸后播种

常见的浸种方法有以下几种。

① 温汤浸种：水温52～55℃，这是一般病菌的致死温度，有消灭病菌的作用。浸种时种子需不断搅动，使水温均匀，并陆续添加温水以使水温维持52～55℃ 10～15min，随后使水温自然下降至30℃左右，按要求继续浸泡。

② 高温烫种：为了更好杀菌，并使一些不易发芽的种子易于吸水。水温 70～85℃，先用凉水湿种子，再倒入热水，来回倾倒，直到温度下降到55℃左右时，用温汤浸种法处理。此法适用于种皮厚、透水困难的种子，如茄子、西瓜等。

③ 凉水浸种：水温20～30℃，适宜于种皮薄、吸收快、发芽易、不易受病虫害污染的种子，如白菜、甘蓝等的种子。

浸种的注意事项：

① 浸种要用非金属容器，一般用搪瓷或玻璃等洁净的器皿较好，防止有毒物质危害种子；

② 浸种过程中，要用清水反复轻搓种子，以除去种子表面的黏着物，加速种子吸水和萌动，若浸种时间超过8h时，应每隔5～8h换水1次；

③ 豆类蔬菜不宜浸种时间过长，见种子由皱缩变膨胀时及时捞出，防止种子内养分渗出太多而影响发芽势与出苗力；

④ 浸水量一般为种子质量的5～6倍。

（三）催芽

催芽就是将吸水膨胀的种子置于适宜温度条件下（喜温性蔬菜及耐热蔬菜 25～30℃，耐寒及半耐寒性蔬菜 20～25℃）促使种子较迅速而整齐一致萌发的措施。催芽是以浸种为基础，但浸种后也可以不催芽而直接播种。

浸种后，将要催芽的种子，可先甩干或摊开，使种子表面的水膜散失，以保证催芽期间通气良好。然后用洁净的湿纱布或毛巾等包好，置于培养皿等洁净的容器中，或外面再包被塑料膜进行催芽。催芽初期可使温度偏高以加速养分的转化和利用，出芽后逐渐降温防止胚根徒长而进行"蹲芽"。冬春季育苗的，置于恒温箱中或温暖处催芽；夏秋季温暖季节，可放在室温下催芽；个别需要低温发芽的种子，需置于温度较低处催芽。为使种子发芽整齐，催芽期间每天用 25~30℃ 的清水淘洗种子 1~2 次，并将种子包内外翻动、松包，这样可以使包内种子散发呼吸热，排出二氧化碳，供给新鲜空气。喜冷凉蔬菜种子催芽期间的适宜温度为 20℃ 左右。需要变温处理的种子，按变温处理的要求进行。有加温温室、催芽室及电热温床设施设备条件的应充分利用进行催芽。但是，在炎热夏季，有些耐寒性蔬菜如芹菜等催芽时仍需放到温度较低的地方。大部分种子露白时，是播种的适宜时间。一般情况下，小粒种子有 75% 左右种子出芽即可终止催芽进行播种；大粒种子如瓜类种子可催芽时间长一点。催出的芽（胚根）不宜过长，否则芽易折断，播后不易扎根。如因某种原因不能及时播种，应将催完芽的种子放在冷凉处抑制芽的生长。

四、作业与思考题

1. 果菜类蔬菜种子进行浸种催芽处理的注意事项有哪些？
2. 如何根据果菜类蔬菜种子的特性确定浸种催芽的条件？
3. 试从培育壮苗的角度分析播前种子处理的意义。

项目三十三　设施蔬菜营养土的配制

一、目的与要求

园艺植物育苗期间，幼苗密度大，吸收养分多，加上幼苗根系细弱，吸收能力不强，若土壤中营养不足，将严重影响秧苗的生长发育。为此，常常人工配制育苗用土。营养土是由田园土和有机肥按一定的比例混合，并添加少许氮、磷、钾化学肥料配制而成的有土基质，它可满足整个苗期秧苗生长的养分需要。

园艺植物对育苗营养土的要求：①营养成分完全，具有氮、磷、钾、钙等主要元素及必要的微量元素；②营养土材料的质地必须致密均匀，能抓牢种子与苗木，不论干湿其体积变化不大，如质地太疏松，土团容易松散，太黏容易板结，理化性质良好，应兼具蓄肥、保水、透气三种性能；③营养土呈微酸性或中性，pH 值以 6.5~7 为宜；④无病菌虫卵，以防病虫为害；⑤营养土的材料质量要轻，资源丰富，价格低廉，如果营养土太重对于搬运及运输都极为不利。这样可以保证营养土土质疏松，营养充足，幼苗根系发育良好；苗齐苗壮，移植时伤根少，定植后缓苗快。

营养土的配制及消毒成败是决定蔬菜育苗成败的重要环节。科学地配制育苗用的培养土，才能满足秧苗生长发育对养分、水分、氧气、土壤温度的需要，培育出壮苗。相反，秧苗会生长不良，出现老化、徒长、病苗等症状。通过本项目，学生了解园艺植物育苗营养土的组成成分；掌握优质培养土所具备的条件，了解营养基质性能特点、成分和配制比例，并能根据本地实际情况配制出蔬菜育苗所需的营养土；掌握蔬菜育苗营养土配制、消毒以及装钵方法。

二、材料与用具

1. 材料

田园土、腐熟有机肥、固体基质（锯末、炉渣、草炭等）、化肥（尿素、过磷酸钙、硫酸钾等）、杀菌剂（五氯硝基苯、代森锌、多菌灵或高锰酸钾等）等。

2. 用具

塑料薄膜、营养钵、铁锹、平耙等。

三、步骤与方法

（一）营养土配制的材料准备

1. 田园土

可以从刚种过豆类、葱蒜类、小麦、玉米田地取土，要求该地块土壤肥沃、无病虫害，在头一年的秋天取回。大田土用量占营养土整体用量 $60\%\sim70\%$，一般取 $4\sim5$ 寸❶以内的肥沃表土，过筛、晾晒、堆放后备用。

2. 有机肥

营养土中有机肥所占份额为 $30\%\sim40\%$，根据各地不同情况因材而用，可以是猪粪、马粪、鸡粪、人粪尿、垃圾、河泥、厩肥、草木灰等，以堆肥、厩肥为好，其中，马粪因透气性好，并具有保水增温的作用而成为首选。需要注意的是，马粪必须在育苗前 5 个月进行沤制，充分腐熟后才能使用，沤制过程中必须多次进行翻动，忌用生粪。如用猪粪，应沤制腐熟，防止粪肥的病菌和虫卵带入营养土内，过筛后备用。如果有条件，每立方米营养土中再掺入 $10kg$ 草炭，提高营养土养分含量，改善营养土理化性质，育苗效果会更好。未经充分腐熟的有机肥料，施入后易发酵而产生烧苗现象。

3. 固体基质

沙子、草炭、蛭石、珍珠岩等。

4. 化肥

常用化肥有尿素、硫酸钾、过磷酸钙、钙镁磷肥。

---

❶　1 寸＝3.33 厘米。

5. 杀菌剂

常用的药剂有福尔马林（40%甲醛）、多菌灵可湿性粉剂、五氯硝基苯、福美双、甲霜灵、代森锰锌、高锰酸钾等。

（二）营养土的配制

1. 配比

在营养土的配制上，一般都以 1～2 种材料为主要基质，然后掺进其他的一些材料以调节营养土的性能（持水性、通气性、容积比重和阳离子交换能力等）。

2. 混合

确定了各种添加物的用量后，将各种成分充分混合，然后倒堆两遍，确保混匀。

3. 营养土的 pH 值、基质湿度

（1）营养土的酸碱度　酸碱度对秧苗的生长发育有一定的影响，大多数的蔬菜适宜于微酸至接近中性的土壤。土壤过酸过碱对根的生长都有害，影响根对各种有机养分的吸收，也妨碍土中有益微生物的活动，降低土壤的肥力。土壤过酸要加入一定量的石灰进行调节，过碱要加入酸类物质调节。一般番茄、茄子、黄瓜适宜的pH 值在 5～8 之间。

（2）基质湿度　土壤湿度大小直接影响土中的空气含量、土壤的温度、肥料的分解和秧苗吸水能力等。秧苗生长的不同阶段对土壤含水量要求不同，茄果类苗期适宜的土壤湿度是土壤最大持水量的 60%～80%，其中，番茄为 60%～70%。但在播种出苗前和移植活棵前，需要较高的土壤湿度。茄子比番茄要求较高的土壤湿度，宜在 80%左右。黄瓜根系浅而弱，吸收能力较小，而叶面积大，消耗水分较多，以 80%～90%为好。

4. 营养土消毒

育苗用的土壤都要经过消毒处理，杀灭土壤中的各种病菌，确保秧苗不受病菌侵染而正常生长。除营养钵育苗外，也可以进行苗床育苗，播种床和分苗床都要消毒。床土需用药剂、蒸汽和微波等方法进行消毒，以药剂消毒最常用。用 0.5%福尔马林喷洒床土，拌匀后堆置，用薄膜密封 5～7d，揭去薄膜待药味挥发后即可使用；每立方米床土用 50%多菌灵粉剂 50g 或 70%代森锰锌粉剂 40g，拌匀后用薄膜覆盖 2～3d，揭去薄膜待药味挥发后即可使用；也可用 70%五氯硝基苯粉剂和70%代森锌等量混合，每立方米床土用药 60～80g 混匀消毒；也可用五氯硝基苯与代森锌合剂或氯化苦及甲醛等药剂进行床土消毒。

5. 装钵

不论是新购买的营养钵还是曾经用过的营养钵，使用前都要进行一次清选，剔除钵沿开裂或残破者，否则，浇水后水分会从残破的钵沿流出，不易控制浇水量。向钵内装营养土，注意不要装满，营养土要距离钵沿 2~3cm，以便将来浇水时能贮存一定水分。装钵后，将营养钵整齐地摆放在苗床内，相互挨紧，钵与钵之间不要留空隙，以防营养钵下面的土壤失水，导致钵内土壤失水。在苗床中间每隔一段距离留出一小块空地，摆放两块砖，这样播种时可以落脚，方便操作。

四、作业与思考题

1. 分析营养土配制质量对培育壮苗的影响。

2. 查阅资料，了解还有哪些材料可以用于配制营养土，并配制 1~2 种蔬菜育苗营养土，并完成表 33-1。

表 33-1　蔬菜育苗营养土配制表

蔬菜类型	营养土原料	营养土配比	消毒方法

3. 进行研究性实验，比较育苗营养土和常规田园土所培育幼苗的生长差异及原因。

项目三十四　设施蔬菜直播技术

一、目的与要求

蔬菜直播技术包括播种方式和播种方法，播种技术的优劣直接影响是否能达到优质、高产的栽培目标。通过本项目的实施，学生掌握蔬菜直接播种技术的关键环节，同时掌握不同的播种方式和方法。

二、材料与用具

各类蔬菜种子、开沟器、铁锹等。

三、步骤与方法

（一）播种方式

设施蔬菜的播种方式可以分为撒播、条播和穴播三种。

1. 撒播

撒播一般用于生长期短、营养面积小的速生菜类，如茴香、菠菜、小油菜、小葱、芫荽等以及用于育苗。这种方式可以经济利用土地面积，但不利于器械化的耕作管理。同时，对土壤质地、畦地整理、撒籽技术及覆土厚度等要求比较严格。

2. 条播

条播一般用于生长期较长、营养面积较大的菜类，以及需要中耕培土的蔬菜类。速生菜类通过缩小株距和宽幅也可进行条播。这种方式便于机械化耕作管理，灌溉用水量经济，土壤透气性较好。

3. 穴播

穴播也称为"点播"，一般用于生长期较长的大型菜类，以及需要丛植的蔬菜，如韭菜、豆类等。其优点在于可以创造蔬菜局部发芽所需的水、温度、气等条件，有利于不良条件下播种，而保证苗全苗旺。如在干旱炎热时，可以按穴浇水后点播，再加厚覆土保墒防热，待要出苗时再扒去部分覆土，以保证出苗。穴播用种量最省，也便于机械化耕作管理。

穴播时按株行距挖穴，注意播种穴的大小、深浅要一致，当每穴用种 2 粒以上时，要将种子分开放置，不要将几粒种子堆放在一起。要注意选用籽粒饱满的良种，淘汰劣种，以保出苗质量。盖土时要将土拍细、拍碎，盖土后稍加镇压，以便种子吸水出土。对于瓜类催芽后播种的，种子要平放，种芽弯曲时，种芽向下而后覆土。切勿使种子立置胚芽向下放置，这样容易造成"戴帽"出土。

（二）播种方法

播种可用干种子、浸种后的种子或催芽后的种子。播种前要整平土地或做菜畦、小垄等。

1. 湿播法

湿播法主要用于早春低温季节蔬菜播种。

（1）准备盖种土：在播种前，按需要先从畦面起出 3~4cm 厚的一层土，堆放在临近的栽培畦中，最好过筛，作为覆盖用土，堆放一旁备用。

（2）整平畦面：将畦面用铁耙整平，用脚先轻轻踩一遍，浇足底水。

（3）播种：水渗后，将每畦的种子分两侧撒两边，对于小粒种子因体积小不易撒匀的，可在种子中加适量细沙或细炉灰后再播种。如果浇水过多，也可在水渗后在苗床上撒薄薄的一层细土，并将低洼处用细土填平后再行播种。

（4）覆土：用铁锹将起出的土均匀地还回原畦，按要求厚度撒匀盖严种子。

2. 干播法

在气温、地温较高的季节，或降雨较多的时候，可以采用干播，如晚春播种韭菜、胡萝卜等。将畦面耙平，将种子分两份撒两边，均匀地播于畦面，然后用工具轻轻划畦土，使种子进入土中，用手或脚轻轻镇压，即可浇水。

3. 播种注意事项

如播种后天气炎热干旱，则需要连续浇水，始终保持土面湿润直到出苗；炎热天气和覆土薄的种子，还应覆盖碎草等进行遮阳防热和保墒，当幼芽出土时撤掉；炎热干旱或土壤温度很低的季节播种，不论干种或浸种催芽的种子，最好用湿播法。

四、作业与思考题

1. 确定蔬菜所应采用的播种方式的依据是什么？
2. 完成蔬菜不同播种方式的实训报告。
3. 分析讨论不同蔬菜播种方式的技术要点。

项目三十五 设施蔬菜分苗技术

一、目的与要求

设施蔬菜育种中，为节省能源、经济利用土地、降低生产成本，可进行设施蔬菜分苗。另外，某些蔬菜为了通过分苗刺激发根，可先在较小面积上大密度播种，待幼苗长到一定大小后，再行移植，从而扩大营养面积。根据分苗方式不同有苗床分苗、营养钵分苗和营养土方分苗。要求分苗后幼苗移栽深度适中，根系舒展，株距均匀，浇水充足，成活率高，缓苗迅速。通过本实践的分苗操作，学生掌握蔬菜秧苗营养钵分苗和苗床移植的基本技能及苗床分苗技术的关键环节。

二、材料与用具

适合分苗的瓜类、茄果类幼苗若干，营养钵，营养土，育苗床，移植铲，喷壶，水桶等。

三、步骤和方法

（一）低温锻炼

分苗前 3～5 天，苗床要逐渐降温炼苗。分苗前一天傍晚，苗床浇起苗水，水量不宜太大。

（二）起苗

分苗时用移植铲起苗，然后将幼苗连根拔起，尽量少伤根，并将秧苗按大小分级。起苗后如不能立即栽苗，需进行保湿。

（三）分苗

分苗是指将幼苗从稠密的苗床移栽到另一个苗床的过程，一般只进行一次，必要时也可分两次。分苗可以是将苗直接移栽到苗床，也可移栽到营养钵后摆放到苗床。分苗一般在子叶展开后到 2～3 片真叶之前进行，可根据播种密度、育苗设施等灵活掌握。分苗时，苗子越小，越易成活。不过，苗小难操作，而且分苗后苗床面积扩大、管理费工费时。

1. 营养钵分苗

营养钵分苗适用于各种蔬菜秧苗。可将具有 2～3 片真叶的小苗移栽到营养钵后培育成苗木。通常先将营养钵填充 1/2 营养土，将苗移栽于钵中，尽量使秧苗根系舒展，再向秧苗四周填细土，土面距离营养钵边缘保持 1cm 的距离。然后将营养钵整齐地摆放在苗床上，浇透水，并根据需要搭好拱棚。

2. 苗床移植

苗床移植适用于根系较耐移植的茄果类蔬菜。苗床整平后以行开沟，行距 8～10cm，沟深 3～5cm。若苗子徒长或苗大的，开沟可稍深点。开沟后，先用壶浇水，然后摆苗、覆土，也可开沟后先栽苗，再浇水覆土。

（四）移栽

向已经摆放好的营养钵中浇水，水要浇透，最好连浇两次，而后再用手指或小木棍在营养土上插出小坑。把子叶苗栽入小坑中，用手轻压营养土，使营养土与幼苗基部结合。最后再喷一遍水，让幼苗根系与土壤紧密结合。栽苗深度一般以子叶露出土面 1～2cm 为宜，如幼苗有徒长的胚轴，可将秧苗打弯栽入床土中。

（五）栽后管理

分苗应在晴天上午进行，以利浇水后日晒苗床排湿增温。中午高温强光时需适当遮阳。分苗后可扣小拱棚以增温保湿，利于缓苗。

四、作业与思考题

1. 分析为什么番茄可以采用分苗方式育苗，而黄瓜不提倡采用分苗方式育苗。
2. 分析讨论蔬菜分苗的技术要点。

项目三十六　穴盘育苗技术

一、目的与要求

播种是培育壮苗的关键环节，一般设施蔬菜的育苗方式有营养钵育苗和苗床育苗，营养钵育苗是设施蔬菜栽培的主要育苗方式。通过进行蔬菜或花卉的穴盘育苗操作，掌握穴盘育苗技术的工艺流程，了解穴盘育苗所必需的设施。

二、材料与用具

穴盘、基质、肥料、标签、育苗苗床、移动式喷灌机、蔬菜或花卉种子。

三、步骤和方法

1. 穴盘和育苗基质的认识

比较各种规格的穴盘在结构上的差异，比较各种育苗基质和土壤的差异，讲解穴盘育苗的优点、基本工艺流程和所需要的育苗设施，比较其与传统育苗方法的区别。

2. 育苗基质的混配

蔬菜育苗将泥炭、蛭石按照 2：1（体积比），花卉育苗将泥炭、蛭石和珍珠岩按照 1：1：1 的比例进行配制。按照每立方米基质添加 3kg 复合肥，将育苗基质和肥料混合后装盘，刷去多余的育苗基质。

3. 播种

在育苗穴盘中均匀打孔，对于茄果类蔬菜要求打孔深度在 1cm，对于甘蓝类蔬菜打孔深度在 0.5cm，打孔后播种。每穴播种一粒种子，种子可以采用干种子，也可预先进行催芽。播种后表面覆盖 0.5～1cm 厚的蛭石。

4. 喷水

播种覆盖后贴好标签，将育苗盘放在苗床上，开启移动式喷灌机进行喷水，在喷水的同时讲解机械喷水的优点。

5. 育苗管理

育苗后组织同学定期进行浇水，注意育苗温室内的温度和湿度控制。

四、作业与思考题

1. 根据实验内容撰写实验报告，说明穴盘育苗的特点和工艺流程。

2. 不同作物进行穴盘育苗时如何选取适宜的穴盘？穴盘育苗的质量主要受哪些因素影响？

项目三十七　水培育苗技术

一、目的与要求

通过进行蔬菜的水培育苗操作，掌握水培育苗技术的工艺流程，了解水培育苗所必需的设施。

二、材料与用具

水培槽、泡沫板、空气泵、定时器、蔬菜种子、肥料、平底穴盘、塑料薄膜、水培育苗泡沫块、标签、海绵块、镊子等。

三、步骤和方法

1. 水培育苗的认识

在无土栽培温室内讲解水培育苗的基本设施，比较水培育苗与穴盘育苗的异同，讲解水培育苗需要的基本工艺流程。

2. 水培育苗的播种

将海绵块浸泡在水中，充分吸收水分后放入铺有塑料薄膜的平底穴盘中，将种子播入海绵块中，添加水分使育苗海绵块充分吸收水分。

3. 营养液的配制

将无土栽培肥料按照有关配方配制水培育苗所需要的营养液，将配制好的营养液倒入水培槽中，将泡沫板进行打孔后放入水培槽中。

4. 水培育苗的分苗

为了扩大营养面积，待蔬菜子叶平展后将海绵块移入水培槽的定植板上，开启空气泵和定时器，定时对营养液补充氧气。

5. 水培育苗的管理

育苗后组织同学对育苗温室内的温度和湿度进行管理，并对营养液的 pH 和 EC 进行监测。

四、作业与思考题

1. 根据实验内容撰写实验报告，说明水培育苗的特点和工艺流程。
2. 哪些蔬菜适合于水培育苗？在生产中哪种情况下采用水培育苗？

项目三十八　温室果菜的植株调整

一、目的与要求

果菜的植株调整是一项细致的管理工作，进行植株调整的优点可概括为：①平衡营养器官和果实的生长；②增加单果质量并提高品质；③使通风透光良好，提高光能利用率；④减少病虫害发生和果实机械损伤；⑤增加单位面积的株数，提高单位面积的产量。

温室果菜的植株调整包括搭架、整枝、打杈、吊蔓、摘叶、疏花、疏果等。每一植株都是一个整体，植株上任何一个器官的消长，都会影响到其他器官的消长。通过本实验，学生掌握温室内果菜作物植株调整的方法，了解其对植株生长发育和产品器官产量、品质的影响。

二、材料与用具

1. 材料

可在下列蔬菜植物中选择一种进行操作。①不同生长类型的番茄植株。②不同品种的茄子、辣椒植株。③甜瓜、黄瓜植株。

2. 用具

竹竿、剪刀、绳子、记号笔、标签牌等。

三、步骤和方法（以果菜为例说明）

（一）选择蔬菜品种并了解生长结果习性

1. 番茄

按照花序着生的位置及主轴生长的特性，可分为有限生长类型与无限生长类型。不同生长类型植株调整方法不同，一般有单干、双干和改良单干整枝。

2. 茄子

根据开花结果习性不同，一般采用双干或三干整枝。

3. 辣椒

按开花结果习性可分为花单生和花丛生两类，一般采取单干或双干整枝。

4. 瓜类

按结果习性大致可分为主蔓结果（黄瓜）、侧蔓结果（甜瓜）和主侧蔓均可结果（西瓜）三种类型。

（二）搭架、吊蔓、缚蔓

1. 番茄

苗高30cm左右时进行搭架，植株每生长3～4片叶缚蔓一次。

2. 黄瓜、甜瓜

于5片真叶后茎蔓开始伸长，需搭架或吊蔓。蔓长30cm以后缚或绕一次，以后每隔 3～4 节一次。当黄瓜蔓长至 3m 以上时应将吊绳不断下移落蔓，使下部空蔓盘起来，保证结瓜部位始终在中部。甜瓜则在 25～28 叶时打顶。

（三）定干（蔓）

1. 茄果类

番茄采用单干整枝，只留主干，去除所有侧枝；甜椒采用单干或双干整枝；辣椒采用双干或三干整枝；茄子采用双干或三干整枝。

2. 瓜类

温室黄瓜、甜瓜一般采用塑料绳吊蔓、单蔓整枝法。甜瓜去除前 12 节的侧蔓，在第 12～14 节侧蔓上留果后，仅留 1～2 片叶摘心，第 14 节以后侧蔓也要去除。

（四）去侧枝、摘心、去老叶

在果菜生长过程中，应及时去除多余侧枝、卷须和老叶，此项工作应在中午进行，有利于伤口愈合。当植株长至一定高度时，根据定干要求进行摘心，促使养分集中输送到果实中去，有利于果实发育和提早成熟。

（五）疏花、疏果

1. 番茄

大果型番茄每穗留 2～3 个果，中果型每穗留 4～6 个果，其余花果全部疏去。

2. 黄瓜

及时摘去根瓜及畸形瓜。

3. 甜瓜

一般只保留 1～2 个果，开花后要进行人工授粉，待幼果长至鸡蛋大小时，选留其中生长良好的一个果。

四、作业与思考题

1. 写出实验报告，记录整枝的操作步骤。
2. 举例说明为什么蔬菜作物植株调整必须以生长结果习性为基础。

项目三十九　设施黄瓜器官形态及特性认知

一、目的与要求

通过了解黄瓜植株的构成以及各个器官的形态特征，熟悉黄瓜植物学特性，理解其对环境条件的适应性。

二、材料与用具

设施内栽培的黄瓜幼苗或植株、小刀、放大镜、记录纸等。

三、步骤与方法

（一）根系

观察设施栽培的黄瓜幼苗，以及结果期植株，应尽量完整地挖出根系，用水浸泡掉土壤。将上述黄瓜根系从茎基部切下，放于清水中，使根系舒展，进行观察。

1. 根系形态

（1）主根（初生根）　在种子萌发时由胚根发育而来的根系，主根垂直向下生长，成龄植株主根自然伸长可达1m以上。

（2）侧根（次生根）　主根长出后其上可分叉，形成第一级侧根，第一级侧根上再分叉，形成第二级侧根，以此类推，黄瓜的侧根自然伸展可达2m左右。

（3）不定根　多从根茎部和茎上发生的根系。相对来说，不定根要比定根（主、侧根）更强壮一些。

2. 根系特点

（1）根系木栓化早　由于黄瓜根容易木栓化，再生能力差。这样受伤以后从它的上面再发生侧根就比较困难。

（2）好气性　黄瓜根系浅，一般不能忍受土壤空气少于2%的低氧条件，而以含氧量15%～20%为宜，呼吸作用旺盛。

（3）吸收特点　根系喜湿但不耐涝，喜肥但不耐肥。

（二）茎蔓

1. 形态

（1）外部及内部形态　茎五棱，蔓性，上有刚毛，中空。

（2）分枝习性　茎蔓具有顶端优势和分枝能力，为无限生长型。主蔓上可以长出侧蔓，侧蔓还可以再生侧蔓。侧蔓数目的多少主要与品种特性有关，要对侧蔓结果类型的品种进行多次摘心。

2. 茎蔓特点

茎细长，不能直立，需要通过人工绑架来进行调整。茎长不利于水分和养分的输导，不易保持植株的水分平衡。茎蔓伸长比其他瓜类蔬菜要早，育苗时更应重视防止徒长。茎蔓含水量高，脆弱，易折断，也常易受到多种病害的侵害和机械损伤。幼苗幼茎对光照和温度十分敏感，持续高温和光照不足，则茎将徒长。

（三）叶片

1. 形态

子叶对生，长椭圆形，子叶的生长状况取决于种子本身和栽培条件，种子发育不充实可使幼苗子叶瘦弱畸形。真叶呈掌状五角形，互生，叶表面被有糙硬毛和气孔。

2. 特点

叶面积大，蒸腾能力强，对营养要求高而本身积累营养物质的能力又较弱。叶腋间着生的卷须，是黄瓜的变态器官，具有攀援功能。

（四）花

1. 形态

单性花，雄花，有雄蕊5枚，其中4枚两两连生，另有1枚单生。雄蕊合抱在花柱的周围，花药开裂散出花粉。雌花，花柱较短，柱头三裂，子房下位，有蜜腺。两性花，是在同一花中兼备雌雄两种器官。

2. 特点

雌雄同株型是生产中被广泛栽培的种类。黄瓜主枝上第一雌花的部位高低与早熟性有很大关系。为了争取早熟，最好要选择第一雌花节位低的品种。调控环境或叶面喷施植物生长调节剂可影响雌花雄花比例。

（五）果

1. 形态

果实为瓠果，由子房和花托一并发育而成的。果实颜色及形状因品种而异。果面光滑或有棱、瘤、刺，刺色有黑、褐、白之分。

2. 特点

黄瓜有单性结实能力，即不授粉也能形成果实。

（六）种子

1. 形态

扁平椭圆形，黄白色。着生在胎座上，千粒重22～42g，种子发芽年限4～5年。

2. 特点

影响种子数量的因素有品种类型、授粉环境、生育状况、营养条件以及果实状况等。种子成熟度对发芽率有很大影响，由雌花授粉至种瓜采收需要35～40d。新采收的种子都有一段休眠期，所以新籽立即播种，往往出苗慢且不整齐。

四、作业与思考题

1. 以叶片为例，分析黄瓜器官形态特征对环境的适应性。
2. 思考如何根据黄瓜的植物学特性，调控出良好的设施栽培环境。

项目四十　黄瓜苗龄与育苗技术

一、目的与要求

缩短苗龄是北方地区一项节能的有效措施。本项目的目的在于使学生通过操作和管理，观察不同苗龄秧苗的发育与育苗技术之间的关系，以便选定最佳苗龄。

二、材料与用具

种子，床土，有机质、无机肥料，育苗及秧苗分析常用物品及仪器。

三、步骤与方法

1. 设四个不同苗龄组：45d、50d、55d、60d。
2. 移栽后每种苗龄分地热加温与无加温区，全部秧苗，播种床用炉渣和营养液；移植秧苗栽在营养钵或营养土内，每个处理秧苗保证50～100株。
3. 具体操作按教师指导进行。

四、作业与思考题

1. 生育过程中移植前和定植前分别进行生育调查，调查后进行整理和分析所得数据。
2. 根据调查资料和平时观察，分析哪一种苗龄最合适，说明原因。
3. 对苗龄与育苗技术的关系有何体会？

项目四十一　设施番茄器官形态及特性认知

一、目的与要求

通过了解番茄植株的构成以及各个器官的形态特征，熟悉番茄植物学特性，理解其对环境条件的适应性。

二、材料与用具

设施内栽培的番茄幼苗或植株、小刀、放大镜、记录纸等。

三、步骤与方法

（一）根系

1. 形态

番茄根系较强大，分布广而深。盛果期主根深入土壤达 1.5m 以上，根展开也能达 2.5m，大多根群在 30～50cm 深的耕作层中。

2. 特点

根系发达，再生能力强，比较耐移栽（可以扦插成活）。喜温，半喜湿半耐旱，喜肥且吸肥、耐肥能力都较强。

（二）茎

1. 形态

蔓性，需要插架栽培（少数直立）；侧枝萌发能力强，需经常整枝打杈；分枝习性为有限生长类型和无限生长类型；分枝类型有假轴分枝和合轴分枝。

2. 特点

茎基部木质化。番茄茎的丰产形态为节间较短，茎上下部粗度相当；徒长株（营养生长过旺）节间过长，下部茎较细，上部逐渐变粗；老化株节间过短，从下至上逐渐变细。喜温怕霜不耐炎热，喜光不耐弱光，适宜较低空气湿度。

（三）叶

1. 形态

单叶，羽状深裂或全裂。叶片及茎均有茸毛和分泌腺，能分泌出具有特殊气味的汁液。很多害虫对这种汁液有忌避性，所以不但番茄受虫害轻，有些蔬菜与番茄间套作也有减轻虫害作用。

2. 特点

番茄叶为单叶，每片叶有小裂片 5～9 对，小裂片因叶的着生部位不同而有很大差别，第一、二片叶小裂片小，数量也少，随着叶位上升裂片数增多。番茄叶的丰产形态，中肋及叶片较平，叶色绿，叶片较大，顶叶正常展开。

（四）花

番茄的花为总状花序或聚伞花序，完全花，自花授粉；花瓣黄色，花器及子房大小适中。开花后经过授粉受精才能坐果，发育成为果实；亦可通过激素处理形成果实。

（五） 果实

1. 形态

成熟果实的颜色有红、粉红、黄、橙黄、绿色和白色，以红或粉红较多。

有圆形、高圆形、长圆形、扁圆形、梨形等。果肉由果皮（中果皮）及胎座组织构成，果实内部有 2～7 个心室。

2. 特点

番茄的果实为多汁浆果。

（六） 种子

番茄种子被有茸毛，银灰色、浅黄色；果胶包被，采种需发酵；千粒重 2.7～3.3g；发芽年限 5～6 年，生产中多使用 1～2 年种子。

四、作业与思考题

1. 为达到高产优质，生产中如何根据植物学特性来创造适宜的栽培环境？
2. 在栽培中，理解番茄两性花有什么意义？

项目四十二 茄果类蔬菜的花芽分化观察

一、目的与要求

花芽分化的好坏会直接影响茄果类蔬菜的早期产量和果实品质，及时了解花芽分化的进程对栽培生产有很重要的生产意义。茄果类蔬菜花芽分化的节位高低、数目、质量受品种及育苗条件的制约。通过本项目的实践，学生掌握观察与识别茄果类蔬菜花芽分化的方法，加深理解环境条件对花芽分化及发育的影响。

二、材料与用具

1. 材料

各种茄果类蔬菜幼苗，用于花芽剥离练习。番茄、茄子、辣椒的子叶期、2～4 叶期、成苗期幼苗。不同育苗条件（如不同营养面积、不同育苗温度、不同育苗方式等）下培育的番茄幼苗对比材料。

2. 用具

解剖显微镜、培养皿、眼科镊子、载玻片、甘油等。

三、步骤与方法

（一）花芽剥离练习

茄果类蔬菜花芽在茎端分化，观察时应从幼苗基部开始层层剥去叶片，直至肉眼看不清为止，然后将苗端取下置于解剖显微镜的载玻片上，继续剥去小叶片及叶原始体，直到明显露出生长锥为止。花芽与叶芽可以从芽的顶部形状、发生位置及透明程度等方面来区分。若生长点干缩，可以滴1滴甘油使之湿润。此项内容要求学生反复练习，直至基本掌握其方法为止。

（二）花芽分化观察

用上述方法观察番茄、茄子、辣椒不同苗龄的植株花芽分化前后的生长锥形状，以及花芽分化时期侧枝发生情况，重点观察番茄生长点的形态变化和番茄的花芽分化过程。

（三）观察记载

用番茄对比材料观察并记载花芽开始分化节位、各层花序中各级花芽数。每个处理观察5株，求出平均数。

四、作业与思考题

1. 根据观察情况绘制番茄子叶期、花芽分化期、成苗期的生长锥分化示意图，并注明各部位的名称。

2. 列表记载番茄对比材料的花芽分化及发育情况。

3. 依据茄果类蔬菜花芽分化的特点，思考对栽培过程中培育壮苗有什么启示。

项目四十三 茄果类嫁接育苗技术

一、目的与要求

通过对茄果类蔬菜种苗的嫁接操作和嫁接苗的培育，了解嫁接技术在蔬菜作物上的应用及嫁接苗成活率的影响因素，掌握茄果类蔬菜常用的嫁接方法，及嫁接苗的管理技术。

二、材料与用具

1. 材料

培育好的茄子、番茄或辣椒接穗种苗，相应的砧木种苗。

2. 用具

刀片、竹签、嫁接夹等。

三、步骤与方法

（一）番茄嫁接技术

1. 劈接法

接口面积大，嫁接部位不易脱离或折断，而且接穗能被砧木接口完全夹住，不会发生不定根。但因接穗无根，嫁接后需要进行细致管理。

（1）幼苗培育　砧木要提前5～7d播种。嫁接适期的砧木应有4片或5片真叶展开。接穗比砧木略小，应有4片真叶展开。

（2）嫁接　从砧木的第三和第四片真叶中间把茎横向切断。然后从砧木茎横断面的中央，纵向向下割成1.5cm左右的接口，再将接穗苗在第二片真叶和第三片真叶中间稍靠近第二片真叶处下刀，将基部两面削成1.5cm长的楔形接口，最后把接穗的楔形接口对准形成层插进砧木的纵接口中，用嫁接夹固定，过7～10d将夹子除掉。

（3）嫁接后管理　接口愈合的适宜温度为白天25℃，夜间20℃。在早春嫁接，最好将移栽有嫁接苗的营养钵放置于电热温床上。嫁接后的5～7d内，空气湿度要保持在95％以上，通过苗床浇水，嫁接后覆盖小拱棚，密闭保湿。嫁接后4～5d内不通风，第五天后选择温暖且潮湿的傍晚或早晨通风，每天通风1～2次，7～8d后逐渐揭开小拱棚薄膜，增加通风量，延长通风时间。嫁接后可在小拱棚外覆盖草帘、稻草或报纸等进行遮光，嫁接后前3d要全部遮光，以后半遮光，两侧见光。随嫁接苗生长，逐渐撤掉覆盖物，成活后转入正常管理。

2. 靠接法

（1）幼苗培育　砧木苗、接穗苗都已展开4～5片真叶时为嫁接适期。苗龄偏大，但只要二者的生长状态基本相同也可以嫁接，靠接可持续进行很长时间。

（2）嫁接　为有利接口愈合，嫁接场所要保持比较高的空气湿度。用不持刀的手将嫁接苗苗梢朝向指尖，斜着捏住，在子叶与第一片真叶（或第一片真叶与第二片真叶）之间，用刀片按35°～45°向上把茎削成斜切口，深度为茎粗的1/2～2/3，注意下刀部位在第一片真叶的侧面。把砧木上梢去掉，留3片真叶，把砧木上部朝里，根朝向指尖，放在手掌上，用刀在第一片真叶（或第二片真叶的下部）的侧面按35°～45°，斜着向下切到茎粗的1/2或更深处，呈舌楔形。该接口高度必须与接穗接口高度一致，以便于移栽。将接穗切口插入砧木切口内，使两个接口嵌合在一起，随后用嫁接夹固定。

（3）嫁接后管理　嫁接完成立即移栽，移栽时要把砧木和接穗的茎分离开。接口愈合后要摘除砧木萌芽，因为嫁接时切去了砧木生长点，会促进砧木下部的侧芽萌发，特别是接口愈合时经过高温高湿遮光的环境条件，侧芽更易萌发。为预防倒伏，必要时应立杆或支架绑缚。当伤口愈合牢固后要去掉嫁接夹，去夹时机要适宜。去夹时间过早，不利于接口的愈合；去夹过晚，则影响嫁接苗幼茎的生长增粗。

用营养钵移栽时，砧木要栽在钵的中央，接穗靠钵体一侧。移栽后及时浇足水，使土壤下沉，根与土密切接触。浇水后密闭苗床。高温季节育苗，苗床上面要遮光，使床内无风、高湿，严防强光和高温造成幼苗萎蔫。移栽后的2～3d内一定要遮光保湿。低温季节育苗，在移栽后要用小拱棚把苗床密闭起来，也需要遮光，4～5d内都要如此。白天温度25～30℃，夜间20℃左右。以后，依据苗的萎蔫程度，让苗逐步习惯直射光的照射，予以锻炼。

嫁接后10d左右，接穗开始生长，选晴天的下午，在嫁接部位下边的接穗一侧把茎试着割断几株，即"断根"。割断后只要苗萎蔫不严重，第二天以后便可把全部苗的接穗下部的茎割断。如果萎蔫的苗过多，可实行1d左右的遮光，予以缓和。靠接苗的砧木和接穗的接口都小，嫁接部位容易脱离或折断，所以在定植前可不除掉夹子。为避免夹子箍紧茎部，最好能换地方改夹1～2次。也可以用短支柱把苗架好，再除掉夹子。

（二）茄子嫁接技术

1. 砧木选择

常用砧木有平茄（赤茄）、刺茄、托鲁巴姆等。

2. 嫁接方法

通常采用劈接法进行嫁接。当砧木长到6～7片真叶，接穗长到5～6片真叶时，即可进行嫁接。选茎粗细相近的砧木和接穗配对，在砧木2片真叶上部，用刀片横切去掉上部，再于茎横切面中间纵切深1～1.5cm的切口；取接穗苗保留2～3片真叶，横切去掉下端，再小心削成楔形，斜面长度与砧木切口相当，随即将接穗插入砧木切口中，对齐后，用嫁接夹固定。

3. 嫁接后管理

嫁接后管理与番茄一样。

四、作业与思考题

通过嫁接操作，总结番茄不同嫁接方法的优缺点。

项目四十四 葱蒜类蔬菜的形态特征和产品器官构成

一、目的与要求

葱蒜类蔬菜为百合科葱属二年生草本植物，具辛辣气味，主要包括韭菜、大葱、大蒜和洋葱，其次为韭葱和细香葱。葱蒜类蔬菜以膨大的鳞茎、假茎、嫩叶为产品器官，食用的部分是叶或叶的变态，具有弦状的须根、短缩的茎盘、耐旱的叶形、贮藏功能的鳞茎。通过本实践，了解葱蒜类蔬菜的形态特征，并比较其异同点，掌握葱蒜类蔬菜产品器官的构成。

二、材料与用具

1. 材料

3～4 年生韭菜完全植株，洋葱的成株和抽薹植株，大葱、大蒜的植株，无薹多瓣蒜、独头蒜、气生鳞茎、分蘖葱头、头球葱头，分葱、胡葱、楼葱的植物标本或挂图。

2. 用具

放大镜、镊子、刀片等。

三、步骤与方法

（一）韭菜

1. 根

弦线状须根，根毛少、分布浅、吸收能力弱，具有吸收和贮藏养分的作用，具有分蘖和跳根现象。观察根系着生部位、换根情况，分析跳根原因。

2. 叶

韭菜成株叶有 5～9 片，叶生长在茎盘上；条形，呈扁平叶，深绿色或浅绿色；叶鞘闭合呈环状，互相包被，基部稍膨大，形成鳞茎（假茎），叶鞘白色、淡绿或微紫红色。保护生长点，亦可贮积营养物质。观察叶片形状、叶鞘形状、叶片在茎盘上的着生位置，分析假茎形成的原因。

3. 短缩茎

一二年生的茎短缩呈盘状，称茎盘。观察短缩茎形状、根状茎形状，分析分蘖与跳根的关系。

4. 花

伞形花序，花序上着生小花 20～30 朵，属两性花，花冠白色。

5. 果实及种子

果实为蒴果，分成 3 室，每室有种子两粒。种子千粒重 4～6g，寿命 1～2 年，生产上主要用当年的新种子。

（二）洋葱

1. 根系

观察根系的着生部位。

2. 叶

观察叶形、叶色、叶面状况。

3. 鳞茎

纵切与横切观察：膜质鳞片、开放性肉质鳞片、闭合性肉质鳞片、幼芽、茎盘、须根的位置。

取先期抽薹植株，与正常植株进行比较观察。

（三）大葱

1. 根系

观察根系的形态特征。

2. 叶片

观察叶的形态特征，比较幼叶与成叶的异同。

3. 假茎

将假茎纵剖和横剖，观察假茎的组成、叶鞘的抱合方式。

（四）大蒜

1. 根、叶

观察大蒜根系、叶身、叶鞘的形态。

2. 鳞茎

观察鳞茎纵剖面和横断面的叶鞘、鳞芽（主芽、副芽）、蒜薹、肉质鳞片、芽孔、茎盘等。

四、作业与思考题

1. 绘制韭菜根系多年生根状茎平面图；绘制大蒜横断面图，并注明各部分名称。

2. 分析韭菜分蘖与跳根的原因。

项目四十五 绿叶菜类蔬菜的形态特征观察

一、目的与要求

绿叶蔬菜是一类主要以鲜嫩的绿叶、叶柄或嫩茎为产品的速生性蔬菜。通过本项目，认识常见的绿叶类蔬菜，了解主要绿叶类蔬菜的形态特征，并比较其异同点，以便应用于生产。

二、材料与用具

1. 材料

菠菜（尖叶、圆叶两种）、芹菜（本芹、西芹）、生菜、莴笋、油白菜等。

2. 用具

放大镜、直尺、刀片等。

三、步骤与方法

1. 叶片

观察不同绿叶菜叶片的形状、颜色、着生状态及位置、叶表特点等。

2. 叶柄

观察不同绿叶菜叶柄的颜色、外表特点。

3. 茎

观察不同绿叶菜茎的颜色、形状特点。

四、作业与思考题

1. 绘制芹菜全叶图。
2. 根据观察描述两种菠菜的形态特点，并作图。

项目四十六　豆类蔬菜植株形态及开花结果习性观察

一、目的与要求

通过本项目的实施，识别主要豆类蔬菜的形态特征及开花结果习性，熟悉豆类蔬菜的植物学特性，了解荚果的构造，理解豆类植物对环境条件的要求，为其栽培过程中采取相应的农业措施提供依据。

二、材料与用具

1. 材料

菜豆（蔓性、矮生）、豇豆（蔓性）。

2. 用具

镊子、小刀、放大镜、钢卷尺等。

三、步骤与方法

（一）形态识别

1. 菜豆

（1）蔓生型　无限生长型，蔓长 1.7～2m，个别品种长达 3m 以上。茎蔓具左旋性，栽培时需设立支架。花序着生在叶腋间。以后随着蔓的伸长，从各叶腋间陆续出现花序和抽生侧枝。

（2）矮生型　有限生长型，植株较矮，高只有 50cm 左右，茎直立、较粗硬、节间短，栽培时不需设立支架。当主干发生 4～8 节以后，其顶端着生花序而封顶。从各叶腋间发生的侧枝长到一定程度后，顶端也着生花序而封顶。

2. 豇豆

豆科，豇豆属，一年生草本植物。根据茎的生长习性也分为三种：蔓生、矮生、半蔓性。各种类型的特性都与菜豆极为相似。常栽培的主要是蔓生型。

（二）分枝特性

取菜豆、豇豆的蔓生型和矮生型开花结荚期植株，观察不同株型主茎和分枝的顶芽生长特性、分枝节位、数目，着生花序的节位、数目及各花序的结荚情况等。

（三）荚果构造

取各类荚果进行纵剖和横剖，观察其内部结构。

四、作业与思考题

1. 根据观察，分析蔓生型和矮生型菜豆的开花结果习性有何不同。

2. 对主要豆类蔬菜的根、茎、叶、花、荚果形态特征进行调查，并完成表 46-1。

表 46-1　豆类蔬菜形态特征调查表

名称	根	茎			叶					花					荚果			
	有无根瘤	矮生或蔓生	形状	有无茸毛	复叶类型	有无托叶	小叶		花序或单生	花冠颜色	龙骨瓣旋转方向	开花顺序	形状	长度	横茎	有无茸毛	颜色
							叶数	叶形										

项目四十七 设施蔬菜的土肥水管理技术

一、目的与要求

土肥水管理是设施蔬菜栽培过程中的重要技术措施。学生通过本项目的实施，掌握设施蔬菜土肥水管理的基本方法与原则，并能根据气候、土壤、幼苗等具体情况进行合理灌溉和施肥。

二、材料与用具

水泵、铁锹、管道、腐熟有机肥、各类化学肥料。

三、步骤与方法

（一）灌溉

灌溉是人工引水补充菜田水分，以满足蔬菜生长发育对水分需求的技术措施。

1. 灌溉方法

灌溉可分为地面灌溉、地上灌溉、地下灌溉 3 种方式。

（1）地面灌溉 分为畦灌、沟灌。在设施地面上做水沟，让水沿一定坡度，自然流入栽培畦内或垄间水沟，湿润土壤。这种方法简单，但水量不易控制，水分蒸发量大，也容易造成水的浪费。

（2）地上灌溉 主要指滴灌、喷灌。这种方法，灌水均匀，自动化程度高，非常省水，有利于控制土壤及空气湿度，但投资成本高，喷头容易堵塞。

（3）地下灌溉 又叫渗灌，是利用埋设在地下的管道，将水引入蔬菜根系分布的土层，借助毛细管作用自上而下或向四周湿润土壤的灌溉方式。这种方法灌水质量好，蒸发损失少，少占耕地，便于机械化操作，但地表湿润差，地下管道造价高，容易淤塞，检修困难。

2. 灌溉基本原则

（1）根据季节特点灌溉 3～4 月份少浇水；5～6 月份大水勤浇；7～8 月份排灌结合；9～10 月份浇水次少、量足；11 月份越冬蔬菜浇封冻水；12 月份至翌年 2 月份棚室蔬菜宜控制浇水。

（2）依天气情况灌溉 冬季、早春选择晴天浇水，避免阴天浇水；夏秋季宜早晚浇水，避免中午浇水。

（3）依土壤质地灌溉 沙质土壤浇水次数宜多，黏重土壤浇水次数宜少。

（4）依蔬菜生物学特性灌溉　水生蔬菜不能缺水；喜湿性蔬菜保持地面湿润；半喜湿性蔬菜要求见干见湿；半耐旱性蔬菜浇水量不易过大，以不旱为原则；耐旱性蔬菜前期湿后期干的原则。

（5）依生育时期灌溉　播种前浇足底水；出苗前一般不浇水；幼苗期应控制浇水；产品器官形成前一般不浇水，进行蹲苗；产品器官旺盛生长期要勤浇多浇，不可缺水。

（6）根据植株长相灌溉　根据蔬菜作物缺水症状表现进行灌水，如叶色深浅、蜡粉多少、生长点部位是否舒展、早晨叶子边缘吐水情况、中午叶子萎蔫程度及傍晚恢复情况。

（二）追肥

追肥是指在蔬菜生长发育过程中施用肥料。

1. 追肥的方法

土壤追肥有撒施、沟施、穴施、随水冲施等。撒施即将肥料撒在土壤表面，随灌溉水渗入土壤；沟施、穴施即在行间或株间离作物根系一定距离开沟或打穴，把肥料施入沟内、穴里，之后灌水；随水冲施即将肥料用水溶化，随水施入。

2. 追肥的基本原则

（1）根据蔬菜种类追肥　绿叶菜类追肥以速效氮肥为主；根菜类、薯蓣类强调施用钾肥；果菜类注重氮、磷、钾配合使用。

（2）根据生育时期追肥　苗期一般不用追肥，缺肥时可叶面喷肥；产品器官形成期是追肥的关键时期，一般需进行2～3次追肥。

（3）根据土壤条件追肥　沙质土壤追肥应少量多次；黏性土壤应多施有机肥，少施化肥；土质肥沃、基肥充足时，少追肥。

（4）根据气候条件追肥　适于蔬菜生长的季节，可多追肥；高温、低温、干旱季节，应少追肥；雨季追肥应少量多次。

（5）根据肥料特性追肥　人粪尿必须腐熟后追施，一般顺水浇施；追施微量元素肥料一般采用叶面喷肥。

（6）根据植株缺素症状追肥　蔬菜缺氮时，植株矮小，生长缓慢，叶子淡绿色；蔬菜缺磷时，根系弱小，茎细，叶色暗绿，叶背紫红色；蔬菜缺钾时，叶缘变褐、卷曲甚至枯焦，下部叶片灰绿至黄褐色。

四、作业与思考题

1. 蔬菜苗期浇水的基本原则是什么？

2. 为什么相对于其他蔬菜，绿叶菜类蔬菜更要注意氮肥的施用？

3. 设施条件下如何进行水肥管理，才能减轻土壤盐渍化？

项目四十八 设施蔬菜常见病虫害调查与识别

一、目的与要求

设施栽培中，病虫害的发生会严重影响蔬菜作物的生长发育。学生通过本项目的实施，掌握一般蔬菜田间病虫害的调查方法，掌握不同蔬菜种类病虫害的田间诊断与防治技术，对未来从事或指导设施蔬菜生产具有重要意义。

二、材料与用具

放大镜、调查表、体视显微镜、实验室病害症状挂图、照片、标本、教学课件等。

三、步骤与方法

（一）调查

（1）调查方法　一般调查、重点调查和调查研究。

（2）调查取样方法　常见的取样方式包括五点式取样、单对角线式取样、双对角线式取样、棋盘式取样、分行式取样和"Z"字形取样等。

（二）识别

根据植株表现症状，对不同病虫害进行识别。

四、作业与思考题

1. 对设施内常见病虫害进行调查，并填写调查表 48-1。
2. 对设施内主栽蔬菜病虫害进行识别。

表 48-1　设施蔬菜病虫害调查表

品种	调查日期	病虫害名称	调查株数/株	病虫株数/株	备注

项目四十九 无土栽培营养液的配制技术

一、目的与要求

营养液管理是无土栽培的关键性技术，营养液配制则是基础。学生运用本项目所学理论知识，通过具体操作，掌握一种常用营养液的配制方法。

二、材料与方法

1. 材料

以日本园试通用配方为例，准备下列常量和微量元素。

（1）常量元素：$Ca(NO_3)_2 \cdot 4H_2O$、KNO_3、$NH_4H_2PO_4$、$MgSO_4 \cdot 7H_2O$。

（2）微量元素：$Na_2Fe\text{-}EDTA$、H_3BO_3、$MnSO_4 \cdot 4H_2O$、$ZnSO_4 \cdot 7H_2O$、$CuSO_4 \cdot 5H_2O$、$(NH_4)_6Mo_7O_{24} \cdot 4H_2O$。

2. 用具

百分之一和万分之一的电子天平、烧杯（100mL、200mL 各一个）、容量瓶（1000mL）、玻璃棒、贮液瓶（3 个 1000mL 棕色瓶）、记号笔、标签纸、贮液池等。

三、步骤与方法

营养液是无土栽培的核心，只有掌握了营养液配制的原理、配制技术和变化规律，才能使无土栽培获得成功。营养液是将含有园艺作物生长发育所需要的各种营养元素的化合物，溶解于水中配制而成。必须对其组成、各营养元素的特点、配制技术和无土栽培过程中如何管理等问题有所了解。

（一）营养液组成的原则

（1）营养液必须含有植物生长所必需的全部营养元素。现已确定高等植物必需的营养元素有 16 种，其中碳主要由空气供给，氢、氧由水与空气供给，其余 13 种由根部从土壤溶液中吸收，所以营养液均是由含有这 13 种营养元素的各种化合物组成。其中常量元素有 C、H、O、N、P、K、Ca、Mg、S，微量元素有 Fe、Cu、Mn、Zn、B、Mo、Cl。

（2）含各种营养元素的化合物必须是根部可以吸收的状态，也就是可以溶于水的呈离子状态的化合物。通常都是无机盐类，也有一些是有机螯合物。

（3）营养液中各营养元素的数量比例应符合植物生长发育的要求，而且是均衡的。

（4）营养液中各营养元素的无机盐类构成的总盐分浓度及其酸碱反应，应是适合植物生长要求的。

（5）组成营养液的各种化合物，在栽培植物的过程中，应在较长时间内保持其有效状态。

（6）组成营养液的各种化合物的总体，在被根吸收过程中造成的生理酸碱反应，应是比较平衡的。

（二）营养液的配制

1. 营养液的配制原则

一般是容易与其他化合物起作用而产生沉淀的盐类，在浓溶液时不能混合在一起，但经过稀释后就不会产生沉淀，稀释后可以混合在一起。

在配制营养液的许多盐类中，以硝酸钙最易和其他化合物起化合作用，如硝酸钙和硫酸盐混在一起易产生硫酸钙沉淀，硝酸钙的浓溶液与磷酸盐混在一起易产生磷酸钙沉淀。在大面积生产中，为了配制方便，以及在营养液膜法中自动调整营养液，一般都是先配制浓液（母液），然后再进行稀释。所以要事先准备 3 个溶液罐，一个盛硝酸钙溶液，另一个盛其他盐类的溶液，此外，为了调整营养液的氢离子浓度（pH 值）的范围，还要有一个专门盛酸的溶液罐。

2. 营养液配方的计算

（1）先计算配方中 1L 营养液中需要 Ca 的质量（mg），求出 $Ca(NO_3)_2$ 的用量。因为钙的需要量大，并且在多数情况下以硝酸钙为唯一钙源，所以先从钙的需要量开始计算。钙的量满足后，再计算其他元素的量。

（2）依次计算氮、磷、钾的需要量。计算出 $Ca(NO_3)_2$ 中能同时提供的 N 的浓度，计算所需 NH_4NO_3 的用量，计算 KNO_3 的用量，计算所需 KH_2PO_4、K_2HPO_4 和 K_2SO_4 的用量。

（3）因为镁与其他元素互不影响，然后计算所需 $MgSO_4$ 的用量。

（4）最后计算微量元素的用量，因为微量元素需要量少，在营养液中的浓度又非常低，所以每个元素均可单独计算，而无需考虑对其他元素的影响。

无土栽培营养液的配方有 3 种常用的计算方法。一是百万分率（10^{-6}）单位配方计算法；二是 mmol/L 计算法；三是根据 1mg/L 元素所需肥料用量，乘以该元素所需的体积，即可求出营养液中该元素所需的肥料用量。

3. 营养液配制

目前世界上已发表了很多营养液配方，其中以美国植物营养学家霍格兰氏（D. R. Hoagland）研究的营养液配方最为有名，被世界各地广泛使用。世界各地的许多配方都是参照该配方调整演变而来的。另外，日本兴津园艺试验场研制了"园试配方"的均衡营养液，也被广泛使用。

（1）日本园试配方的配制

母液（浓缩液）配制　分成 A、B、C 三个母液，A 液包括 $Ca(NO_3)_2 \cdot 4H_2O$ 和 KNO_3 200 倍的浓缩液；B 液包括 $NH_4H_2PO_4$ 和 $MgSO_4 \cdot 7H_2O$，200 倍的浓缩液；C 液包括 $Na_2Fe\text{-}EDTA$ 和各微量元素，1000 倍的浓缩液。

（2）园试配方

① 按园试配方要求计算各母液化合物用量　按上述浓度要求配制 1000mL 母

液，计算各化合物用量为：

A 液　$Ca(NO_3)_2 \cdot 4H_2O$ 189.00g；KNO_3 161.80g。

B 液　$NH_4H_2PO_4$ 30.60g；$MgSO_4 \cdot 7H_2O$ 98.60g。

C 液　$Na_2Fe\text{-}EDTA$ 20.00g；H_3BO_3 2.86g；$MnSO_4 \cdot 4H_2O$ 2.13g；$ZnSO_4 \cdot 7H_2O$ 0.22g；$CuSO_4 \cdot 5H_2O$ 0.08g；$(NH_4)_6Mo_7O_{24} \cdot 4H_2O$ 0.02g。

$Na_2Fe\text{-}EDTA$ 也可用 $FeSO_4 \cdot 7H_2O$ 和 $Na_2\text{-}EDTA$ 自制代替。方法是按 1000 倍母液取 $FeSO_4 \cdot 7H_2O$ 13.90g 与 $Na_2\text{-}EDTA$ 18.60g 混溶即可。

② 定容与保存　按上述计算结果，准确称取各化合物用量，按 A、B、C 种类分别溶解于三个容器中，并注意应分别单独一种一种物质加入，前一种溶解后加入下一种。全部溶解后，定容至 1000mL，然后装入棕色瓶，并贴上标签，注明 A、B、C 母液。

（3）工作营养液的配制

用上述母液配制 50L 的工作营养液。分别量取 A 母液和 B 母液各 0.25L，C 母液 0.05L，在加入各母液的过程中，务必防止出现沉淀。方法如下：①在贮液池内先放入相当于预配工作营养液体积 40% 的水量，即 20L 水，再将量好的 A 母液倒入其中；②将量好的 B 母液慢慢倒入其中，并不断加水稀释，至达到总水量的 80% 为止；③将 C 母液按量加入其中，然后加足水量并不断搅拌。

4. 营养液配置注意事项

（1）按照营养液配方，注意所使用的化肥及药剂的纯度、盐类的分子式、结晶水含量等。

（2）药品称量要准确，需精确到 ±0.1g 以内。

（3）将称好的各种盐类混合均匀，放入比例适中的水中。配制时先溶解微量盐分，后溶解大量盐分。

（4）用 pH 计测试配好的营养液的 pH 值，用电导率仪测试 EC 值，看是否与预配的值相符。

（三）营养液的管理

营养液在使用过程中，由于作物的吸收及水分的蒸腾和蒸发，浓度会发生变化，因此必须随时对营养液的浓度进行调整和补充。不同作物营养液管理指标不同，而且同一作物的不同生育期营养液的浓度管理也不相同，不同季节营养液的浓度管理也略有不同。常用的营养液浓度的调整方法之一是电导率仪法。在开放式无土栽培系统中，营养液的电导率一般控制在 2~3mS/cm。在封闭式无土栽培系统中，绝大多数作物其营养液的电导率不应低于 2.0mS/cm，当电导率低于 2.0mS/cm 时，营养液中就应补充足够的营养成分使其电导率上升到 3.0mS/cm 左右。这些补入的营养成分可以是固体肥料，也可以是预先配制好的浓溶液（即母液）。

通常在营养液循环系统中每天都要测定和调整 pH 值，在非循环系统中，每次配制营养液时应调整 pH 值。常用来调整 pH 值的酸为磷酸或硝酸，为了降低成本也可使用硫酸；常用的碱为氢氧化钾。在硬水地区如果用磷酸来调整 pH 值，则不应该加得太多，常将硝酸和磷酸混合使用。通常，只要向营养液加酸时小心谨慎，就不会发生营养液 pH 值低于 5.5 的现象。

四、作业与思考题

1. 完成实验报告，详细记录营养液的配制过程。

2. 营养液配制过程中，如果用铵态氮代替一半的硝态氮，应如何进行替换？

3. 配制无土栽培营养液时应注意的问题有哪些？

4. 在使用 pH 计和电导率仪测试营养液的 pH 值和 EC 值时，要注意哪些问题？

5. 用箭头画出配制营养液的流程图。

项目五十 芽苗菜的工厂化生产

一、目的与要求

通过操作芽苗菜的播种和生长管理过程，掌握芽苗菜生产的基本原理和技术。

二、材料与用具

育苗平底穴盘、报纸、遮阳网、喷水壶、芽苗菜种子（萝卜、豌豆、荞麦、香椿等）。

三、步骤与方法

（1）讲解芽苗菜的种类、生产基本原理、生产程序及芽苗菜生产在蔬菜供应中的作用，展示芽苗菜生产的基本设施。

（2）芽苗菜种子的催芽过程：精选种子，根据作物种类不同分别进行浸种催芽过程，萝卜和豌豆浸种时间为 4h，荞麦为 12h，香椿为 24h，浸种后进行催芽。

（3）芽苗菜设施的清洗与消毒：采用消毒剂将芽苗菜生产的基本设施进行清洗和消毒。

（4）芽苗菜的播种：将报纸铺设在育苗平底穴盘中，再将浸种催芽后的芽苗菜种子均匀播种在育苗平底穴盘中，上面再覆盖一层报纸，将育苗盘在苗床上摆放整齐后，在其上架设小拱棚，上面覆盖遮阳网，最后再进行喷水过程。

（5）芽苗菜的生长管理：在整个生长过程中注意水分、温度和通风的管理，每天定时浇水，测量芽苗菜的生长速度。如果采用萝卜芽进行生产，一般播种后 7d 即可采收。

四、作业与思考题

1. 根据实验内容撰写实验报告，说明芽苗菜工厂化生产的基本流程和生长过程。

2. 哪些蔬菜适合芽苗菜生产？从消费者的角度来讲，对芽苗菜生产有何要求？

第四章
设施花卉栽培实验实训技能

项目五十一 设施花卉种子采收与识别分类

一、目的与要求

种子成熟有形态成熟和生理成熟之分，不同成熟阶段的采收对发芽有一定影响。种子形态成熟时及时采收和及时处理，可防散落、霉烂或丧失发芽力，过早或过晚都有不利影响。

不同花卉品种，种子的大小形状、颜色也不同。通过本项目的实施，学生掌握常见花卉种子的外部形态特征和采收方法，防止不同种类（或不同品种）种子混杂，掌握花卉种子的采收方法，以保证品种种性和栽培计划的顺利实施。

二、材料与用具

1. 材料

万寿菊、矮牵牛、一串红、鸡冠花、凤仙花、三色堇、金盏菊、君子兰、天门冬等的结实植株及常见花卉种子。

2. 用具

修枝剪、布袋、纸袋、天平、镊子、放大镜、盛物盘、铅笔、笔记本等。

三、步骤与方法

（一）种子采收

在校园内选取优良采种母株，适时采收，采收时根据不同种类的种子特点分别进行。

1. 干果类种子

干果类种子如蒴果、蓇葖果、荚果、角果、坚果等，果实成熟后自然干燥，易干裂散出；应在充分成熟前，种子即将开裂或脱落前分批陆续采收。某些花卉如凤仙、半支莲、三色堇等果实陆续成熟散落，须从尚在开花植株上陆续采收种子。万寿菊、鸡冠花等成熟后果实不开裂、种子不散落的种类，可在全株大部分种子成熟时，整株刈割或将整个花序剪下来采集种子。

2. 肉质果种子

肉质果如浆果、核果、梨果等成熟时果皮含水多，一般不开裂，成熟后自母体脱落或逐渐腐烂。这类果实待果实变色、变软时及时采收，过熟会自落或遭鸟虫啄食。若等果皮干后才采收，会加深种子的休眠或受霉菌感染，如君子兰、天门冬、石榴等的种子。

（二）种子识别

1. 种子大小分类

（1）按粒径大小分：大粒（粒径≥5.0mm）；中粒（2.0～5.0mm）；小粒（1.0～2.0mm）；微粒（<1.0mm）。

（2）用千粒重表示可任选几种数量较多的花卉种子进行千粒重称量，以此确定种子大小。

（3）用一克种子或百克种子所含粒数表示。

2. 种子形状

种子形状有球状、卵形、椭圆形、镰刀形等多种形状，可根据材料情况详细确定。

3. 种子色泽

观察种子表面不同附属物，如茸毛、翅、钩、突起、沟、槽等。

教师现场讲解种子采收、识别的办法，指导学生实地观察；学生分组采收、识别、熟悉种子的形态特征。

（三）注意事项

1. 种子采收可根据种子成熟时间分数次进行。

2. 具体采种时按品种、花色、花期等分别采收。

3. 采回的种子立即进行晾晒、脱粒、去杂，然后编号登记，包装贮藏。

四、作业与思考题

1. 自制表格填写10～20种花卉种子或果实的采收方法和外部形态特征。

2. 种子采收的依据是什么？如何确定不同类型花卉的种子采收期？

3. 采收成熟度与种子生活力关系如何？

项目五十二　设施花卉种子贮藏技术

一、目的与要求

学生通过本项目的实施，掌握常见的不同花卉种子贮藏的方法，从而为品种种性和栽培计划的实施提供保证。

二、材料与用具

1. 材料
实验站或校园内栽培花卉的种子，如三色堇、矮牵牛、万寿花等。

2. 用具
修枝剪、标签、布袋、河沙等。

三、步骤与方法

花卉种子常见的贮藏方法有两种，分为干藏法和湿藏法。

1. 干藏法
大多数花卉种子都可采用干藏法收藏。先将种子晾干，剔除杂质，装入纱布缝制的袋内，如一串红、鸡冠花等。不要装入玻璃瓶或塑料袋内，不透空气，影响种子呼吸。可把种子袋挂在室内阴凉通风处，保持室温在 5～10℃ 即可。根据贮藏时间长短和贮藏条件，适当利用通风和吸湿设备或干燥剂。

2. 湿藏法
湿藏法适用于含水量较高的花卉种子，如荷花、桃花、梅花、蔷薇、南天竹、睡莲等花卉种子。其安全含水量高，在高湿环境下贮藏才能保持其生命力。将其放在低温、潮湿的地方湿藏，可代替播种前的处理，直接播种就能出苗。常多限于越冬贮藏，并往往和催芽相结合。

常用的湿藏方法有 3 种。

（1）水藏法

将种子装在袋内，放入流水中贮藏。贮藏种子处必须干净，无淤泥、烂草。在种子四周用木桩围挡，以防种子被水冲走。水生花卉如荷花、睡莲、凤眼莲等和栎类树种的种子适用于水藏法。水藏法只能在冬季河水不结冰的地方使用，否则易引起种子冻害。

（2）湿沙掩埋法

将种子埋入湿沙中贮藏，湿沙的体积约为种子体积的 3 倍。沙的湿度不宜太大，温度控制在 2～3℃为宜。温度太高种子易发芽、发霉，温度太低会使种子发生冻害。

沙藏时间依花卉种类而异，如杜鹃种子的贮藏期为 30～40d，海棠种子贮藏期为 50～60d，黄栌、榆叶梅种子贮藏期为 70～90d，蜡梅种子可贮藏 100d 以上。

可将采收的牡丹、芍药等种子，放于 0～5℃的低温湿沙内，这类种子在自然条件下，有一段休眠期，经过休眠而后熟。在播前一个月左右拿出，在春天播种。粒小的种子不宜使用此法，因为很难从沙中择出。

球茎、鳞茎等种球如花叶芋、美人蕉、大丽花等，在落霜之前应及时将地下茎球从土壤中挖出来，晾干 2～3d 后，放在低温、空气流通、湿润的室内，用湿沙覆盖贮藏。但应注意，覆盖的沙不要太湿，以防霉烂，室温应保持在 5～10℃。过高易发芽，过低易产生冻害。

（3）坑藏法

在地势高、土壤干燥、土质疏松的背阳处挖深 1～1.5m 的坑，长度和宽度视种子数量而定。坑底铺一层石子或粗沙，然后一层粗沙一层种子进行堆放。沙的湿度以手握成团，但不出水为宜。离地面 20cm 时不再放种子，改为盖土。为防止种子发霉，每隔 1 米竖一把稻草或高粱秆，以利于通气、散热。

四、作业与思考题

1. 对所收集的花卉种子进行贮藏，并定期观察种子的贮藏情况。

2. 不同类型的花卉种子在贮藏过程中的注意事项有哪些？

项目五十三　设施花卉种类与品种识别

一、目的与要求

学生通过观察植株形态特征，对花卉进行分类、识别和不同生态环境下生长发育状况观察，进一步掌握花卉分类的基本知识；掌握花卉识别的方法，能够准确对常见温室花卉和露地花卉进行识别和分类；了解常见花卉的生长习性、繁殖方法和一般管理方法。通过认识常见的花卉种类与品种，学生能按照园林花卉类别识别花卉，能鉴别常见相似园林花卉，从而指导花卉生产和为园林应用服务。

二、材料与用具

1. 材料

实地种植的各种露地及盆栽花卉。

2. 用具

花卉图片（多媒体形式）、记录板、放大镜、卷尺等。

三、步骤与方法

（一）花卉图片识别

通过观看各类花卉的图片，对其基本形态特征、园林用途等有初步的印象，并能对其进行分类和分科。

（二）露地花卉和温室花卉的识别

选择不同的花卉生产与应用环境如花圃、公园、校园、住宅小区、花卉市场等为实验地点，识别露地花卉和温室花卉。在教师的指导下，识别现有花卉，熟悉其生长、开花习性、繁殖方法和管理方法，并初步了解各类花卉的分类。在条件许可时，可将比较陌生的花卉种类剪取枝、叶、花等拿到室内再作判断和进一步的识别，以加深印象。

常见各类花卉种类如下：

（1）一年生花卉　鸡冠花、一串红、万寿菊、凤仙花、百日菊、黑心菊、孔雀草等。

（2）二年生花卉　金鱼草、金盏菊（二年生）、羽衣甘蓝、石竹、雏菊、矢车菊等。

（3）宿根花卉　菊花、芍药、鸢尾、石竹属、蜀葵、非洲菊、四季秋海棠、香石竹、葱兰等。

（4）球根花卉　大丽花、美人蕉、水仙、郁金香、百合、君子兰、仙客来、朱顶红等。

（5）仙人掌及多浆植物　金琥、量天尺、昙花、生石花、芦荟、霸王鞭、麒麟掌、蟹爪兰、树马齿苋、景天属、光棍树、佛肚竹、吊金钱、龙舌兰、虎尾兰、幸福柱等。

（6）室内观叶植物　肾蕨、铁线蕨、波士顿蕨、凤尾蕨、文竹、武竹、富贵竹、花烛属、花叶万年青、吊竹梅、吊兰属、露草、凤梨、长春花、米兰、酒瓶兰、巴西木、也门铁、发财树、肉桂、茉莉、南洋杉、龙船花、蓬莱松、白斑花叶万年青、白鹤芋、广东万年青、海芋、花叶万年青、清香木、花叶芋、金钻、绿萝、绿宝石喜林芋、紫背竹芋、银皇后、金钱树、鹅掌柴、鸭跖草、吊竹梅、孔雀竹芋、散尾葵、鱼尾葵、棕竹。

（7）兰科花卉 春兰、惠兰、建兰、墨兰、蝴蝶兰、大花蕙兰等。

（8）水生花卉 在水中或沼泽地中生长的花卉，如荷花、睡莲、凤眼莲、王莲等。

（9）木本花卉 月季花、蜡梅、丁香、紫薇、牡丹、叶子花、八仙花、山茶、一品红、变叶木、虎刺梅、金钱榕、橡皮树等。

四、作业与思考题

将所识别的盆栽花卉按种名、形态特征、繁殖技术、园林用途列等表（表 53-1）记录。

表 53-1 花卉分类与识别调查表

| 种类 | 采集地点： | | | | | | | |
	种名	主要形态特征	生长习性	开花习性	繁殖技术	栽培形式	园林用途	备注
乔木花卉								
灌木花卉								
草本花卉								

项目五十四 设施花卉花期调控技术

一、目的与要求

人们利用各种栽培技术，使花卉在自然花期之外，按照人们的意愿，定时开放，即所谓"催百花于片刻，聚四季于一时"。开花期比自然花期提早者，称促成栽培，比自然花期延迟者称抑制栽培。

通过本项目的实施，学生进一步了解影响植物开花的因素，掌握对这些因素进行调节的常用手段，达到花期控制与调节的目的，并了解各种调控技术在生产上的应用。

二、材料与用具

1. 材料
月季花、菊花、一串红等。

2. 用具
光照培养箱、花盆、乙烯利、赤霉素、过磷酸钙、尿素、磷酸二氢钾等。

三、步骤与方法

（一）花期调控的途径

1. 温度处理

温度的作用主要有如下几个方面：

① 打破休眠　增加休眠胚或生长点的活性，打破营养芽的自发休眠，使之萌发生长。

② 春化作用　在花卉生活期的某一阶段，在一定的低温条件下，经过一定的时间，即可完成春化作用，使花芽分化得以进行。

③ 花芽分化　花卉的花芽分化，要求一定的温度范围，只有在此温度范围内，花芽分化才能顺利进行，不同花卉的适宜温度不同。

④ 花芽发育　有些花卉在花芽分化完成后，花芽即进入休眠状态，要进行必要的温度处理才能打破休眠而开花。花芽分化和花芽发育需要不同的温度条件。

⑤ 影响花茎的伸长　有些花卉的花茎需要一定的低温处理后，才能在较高的温度下伸长生长，如风信子、郁金香、君子兰、喇叭水仙等。也有一些花卉的春化作用需要低温，也是花茎的伸长所必需的，如小苍兰、球根鸢尾、麝香百合等。

由此可见，温度对打破休眠、春化作用、花芽分化、花芽发育、花茎伸长均有决定性作用。因此采取相应的温度处理，即可提前打破休眠，形成花芽，并加速花芽发育，提早开花；反之可延迟开花。

2. 光照处理

对于长日照花卉和短日照花卉，可人为控制日照时间，以提早开花，或延迟其花芽分化或花芽发育，调节花期。

3. 药剂处理

药剂处理主要用于打破球根花卉和花木类花卉的休眠，提早开花。常用的药剂主要为赤霉素类药剂。

4. 栽培措施处理

通过调节繁殖期或栽植期，采用修剪、摘心、施肥和控制水分等措施，可有效地调节花期。

（二）花期调控的方法

花期调控要在处理前进行一些准备工作。

（1）花卉种类和品种的选择　根据用花时间，首先要选择适宜的花卉种类和品种。一方面选择的花卉应充分满足市场的需要，另一方面选择比较容易开花的，且不需过多复杂处理的花卉种类，以节约时间，降低成本。同种花卉的不同品种，对处理的反应也不同，甚至相差很大。为了提早开花，应选择早花品种；若延迟开花宜选择晚花品种。

（2）球根的成熟程度　球根花卉要促成栽培，需要促使球根提早成熟。球根的成熟程度对促成栽培的效果有很大影响。成熟度不高的球根，促成栽培的效果不佳，开花质量下降，甚至球根不能发芽生根。

（3）植株或球根大小　要选择生长健壮、能够开花的植株或球根。依据商品质量的要求，植株和球根必须达到一定的大小，经过处理后花的质量才有保证。如采用未经充分生长的植株进行处理，花的质量降低，不能满足花卉应用的需要。一些多年生花卉需要达到一定的年龄后才能开花，处理时要选择达到开花年龄的植株处理。

四、作业与思考题

1. 根据不同需求，选择 1~2 种花期调控方法进行实验，并对实验结果进行记录和分析说明。

2. 思考花期调控的意义有哪些。

3. 假如要在国庆期间用菊花布置，可采用哪种方法调控花期？

项目五十五　设施花卉花芽分化观察

一、目的与要求

学生通过对光周期和春化作用的处理和观察，掌握不同花卉花芽分化的机理及不同花芽分化的特点，并通过项目的实施，掌握石蜡切片的制作方法。

二、材料与用具

1. 材料

一、二年生草花，万寿菊，大丽花，菊花等花卉。

2. 用具

光照培养箱、解剖显微镜、解剖针、载玻片、盖玻片、染色缸、切片机、石蜡、番红固绿染色剂等。

三、步骤与方法

（一）花芽分化

花芽分化是茎生长点由分生出叶片、腋芽转变为分化出花序或花朵的过程。花芽分化是由营养生长向生殖生长转变的生理和形态标志。这一全过程由花芽分化前的诱导阶段及之后的花序与花芽分化的具体进程所组成。一般花芽分化可分为生理分化和形态分化两个阶段。芽内生长点在生理状态上向花芽转化的过程，称为生理分化。花芽生理分化完成的状态，称作花发端。此后，便开始花芽发育的形态变化过程，称为形态分化。

（二）实验内容

（1）培养及处理 取待处理花卉，放入培养箱中培养，然后取不同分化时期的花芽进行分割处理。

（2）固定 将分割好的花芽材料放入 FAA 固定液（福尔马林-醋酸-酒精固定液）中固定 24h 以上。

（3）脱水-透明-浸蜡-包埋 将不同时期固定好的花芽分化材料用不同浓度酒精、二甲苯等分别进行脱水、透明后进行石蜡包埋，待行切片。

（4）切片 将包埋好的石蜡进行切片、染色，然后对不同花芽分化时期的切片置于显微镜下进行观察。

四、作业与思考题

1. 根据实验观察，绘制不同时期的花芽分化解剖图，画面清晰，准确。
2. 根据实验过程，总结花芽分化的完成时间。

项目五十六 球根花卉球根形态构造观察

一、目的与要求

球根花卉是指地下部分呈球状或块状的多年生草本花卉。根据地下部分变态的不同可分为：鳞茎类、块茎类、球茎类、根茎类、块根类。学生通过对球根花卉地下部分形态的观察，熟悉球根花卉各类球根的形态特征，掌握常用球根花卉的分球习性，为指导球根花卉的繁殖及栽培生产提供依据。

二、材料与用具

1. 材料

郁金香、唐菖蒲、水仙、美人蕉、百合、酢浆草、仙客来、大丽花等。

2. 用具

镊子、小刀、解剖针、放大镜、尺子等。

三、步骤与方法

（一）内容

1. 鳞茎

鳞茎是叶的一部分肥大变态而成的养分贮藏器官，短缩的茎称茎盘，鳞片间具叶芽和花芽，如郁金香、风信子、水仙、百合等。鳞茎外面有皮膜包裹，内部鳞片层层排列紧凑的称有皮鳞茎，如郁金香、风信子、水仙等。鳞茎外面无皮膜包裹，鳞片呈覆瓦状排列的称无皮鳞茎，如百合、贝母等。

2. 球茎

球茎是茎肥大变态而成的养分贮藏器官。扁球形，内实质，有明显的节和节间。叶基部干燥成膜质，残留在节上，节上和球茎顶端有芽。球茎类花卉主要有：唐菖蒲、番红花、小苍兰、酢浆草等。

3. 块茎

块茎是茎肥大变态而成的养分贮藏器官。不规则形，无明显的节和节间，但具芽眼，能发不定芽，如仙客来、球根秋海棠等。

4. 根茎

根茎是地下横生茎肥大变态而成的养分贮藏器官。根茎节上可长根和发芽。顶芽伸长，年年分枝，新根茎不断发生，老根茎逐渐死亡。根茎类花卉如荷花、睡莲、美人蕉、姜花等。

5. 块根

块根是根肥大变态而成的养分贮藏器官。块根一般纺锤形。块根上只生根无芽眼，繁殖是依靠从老茎基部与块根交接处膨大的根颈上萌发新芽，如大丽花。

（二）方法

观察球根的色泽、大小、形状以及叶、芽、节等各部分的形态变化等。特别注意以下几点：

（1）百合　鳞茎盘的形状、鳞片、基生根、茎生根、腋芽（即小鳞茎）的位置和形状以及零余子（即百合叶腋间的珠芽）的位置和形状。

（2）唐菖蒲　老球、新球和子球的位置、大小和形状，球茎上的节、退化的膜质叶片和侧芽的位置。

（3）美人蕉　地下茎的节和节间、根的位置、芽的位置、地下茎延伸的方式。

（4）大丽花　块根的形状、颜色，着生的方式，根颈附近的芽眼。

四、作业与思考题

1. 选择 5～10 种不同类型的球根，按表 56-1 进行整理，说明其分球习性。

表 56-1 球根花卉球根形态观察记载表

序号	种名	类型	形状	大小 （直径/cm×高/cm）	色泽	芽生部位	栽种时期	备注

2. 描绘 5 个类型球根的形态特征。

项目五十七 设施花卉的上盆、换盆、倒盆技术

一、目的与要求

学生在了解花卉生长基本规律的基础上，通过本项目的实施，熟悉多种花卉的上盆、倒盆和换盆的时间和操作过程，掌握花卉上盆、换盆的基本操作技术，培养其基本操作技能。

二、材料与用具

1. 材料
花卉幼苗、盆花。

2. 用具
不同规格的花盆、营养土、碎瓦片、浇水壶、花铲、修枝剪等。

三、步骤与方法

（一）上盆
将苗床中繁殖的幼苗或露地栽植的植株移到花盆中叫上盆。

1. 选盆
选择与花苗大小相称的花盆或营养钵，过大过小都不相宜。

2. 起苗
将需上盆的花苗从播种盆或扦插苗床挖起待植。

3. 栽植
用一块碎瓦片盖于盆底的排水孔上，先在盆底装入少量大粒培养土，用左手拿

苗，然后将花苗放入盆口中央深浅适当的位置，继续填培养土于苗根周围，直到培养土近满盆。轻轻掂几下花盆，再用手轻压植株周围的培养土，使根系与培养土密接，压实后土高离盆沿 3cm 左右。

4. 浇水

栽植完毕，用喷壶浇透水，以盆底排水孔有少量水流渗出为宜。暂置阴处缓苗，待苗恢复生长后，逐渐放于光照充足处。

（二）换盆

换盆是指把盆栽的植物换到另一盆中，并增加营养土的操作。

1. 脱盆

选取需换盆的花卉植株，分开左手手指，按置于盆面植株基部，将盆提起倒置，右手轻扣盆边，植株即可脱出。

2. 修根

脱盆后对部分老根、枯根、卷曲根进行修剪。一、二年生草花按原土球栽植；宿根花卉可结合分株进行，适当保留部分旧土；木本花卉将土球周围及底部适当切除一部分。

3. 栽植

先在盆底装入少量大粒培养土，然后将带土球花卉放入盆口中央深浅适当的位置，继续填培养土于土球周围，直到培养土近满盆。轻轻掂几下花盆，再用手轻压盆边培养土，使根系与培养土密接，压实后土高离盆沿 3～5cm。

4. 浇水

栽植完毕，用喷壶浇透水，以盆底排水孔有少量水流渗出为宜。浇水过多易引起根部腐烂。要待新根生长后，再逐渐增加灌水量。换盆后数日置阴处缓苗。

5. 举例

以国兰换盆为例。

① 倒盆　将兰盆放倒，盆身侧对人面，盆口的下缘触地；以左手掌握住盆后部，右手食指的拇指抓住盆口的上缘，其余三指伸开挡住盆土；两手将盆身稍往上提，再向下以盆口的下缘轻撞地面，让盆土在花盆内松动，离间；转动盆身，改变盆口与地面的接触点，继续轻撞，让盆土逐渐脱出，右手掌张开，托住兰花植株，左手将花盆取掉。

② 去土　左手托住兰花植株的基部，右手将根间泥土细心剔除，其间千万不可伤根。

③ 分蔸　一手持兰，一手执剪，看准易于分离的自然缝隙，从两个最老的假鳞茎的连生处剪开，两手分捏二丛基部，轻摇慢拉，将其分离。注意不可分得太零

星，每丛至少应有 3 苗，一般情况下不要强行将"祖孙三代"分家。

④ 修剪　将空根、腐根、断根、残花、枯叶、病叶和干瘪、腐朽的假鳞茎剪去，切勿损伤根尖。

⑤ 消毒　用加 800 倍水的甲基硫菌灵药液或加 1000 倍水的高锰酸钾药液浸蘸剪刀、刀子和锯子；或者在修剪后将兰根部浸入药液中 10～15min，然后取出晾干；或者用草木灰涂抹根、茎、叶的伤口，以避免细菌感染。

⑥ 吹晾　将修剪、消毒后的兰花植株排列在兰架或其他便于放置的器具上，让根叶舒展，置阴凉通风处，吹晾半天左右，至根部发软时即可栽植。

⑦ 垫盆　花盆的下半部用利于排水和透气的填充物加以铺垫，先用一块瓦片盖住盆底排水孔，再用瓦片、碎砖、炭渣或贝壳等物逐层铺垫，再铺泥粒以堵住大的缝隙，垫层高度约为盆内的 1/2～2/3（具体应根据兰株根的情况而定）。

⑧ 栽植　在垫层上撒一些经过处理的碎骨，再填一层培养土，厚 2～3cm，用手稍压，中央应略高。根据花盆大小安排株丛多少，三丛以上可栽成品字形、四方形、五梅花形。同时一盆只栽一丛，则不应栽在正中，而应偏居一侧，让老株靠近盆边。一盆多丛，每丛的老植株朝向花盆内侧，新植株朝向花盆外侧。摆布合适后，一手择叶，一手填土抓住兰花植株的基部稍往上提，使根伸展，并摇动兰盆，让培养土深入根际，继续填土并从盆边挤压培养土，直至离盆口 2～3cm 的高度为止。注意盆土表面的中部应高于四周。

⑨ 铺面　在栽植完毕的盆面上铺上一层小石、碎瓦、青苔或翠云草，既清洁美观，又可调节水分，可在春季或秋季进行。稍压，再洒水。

⑩ 浇水　栽植完毕后第一次浇水必须让盆土湿透。

（三）翻盆

将盆栽植株从盆中倒出，剪除部分老根、弱根和去掉部分培养土，然后将植株放入原盆中，增加一部分新培养土。

1. 脱盆

让原盆稍干燥后，两手反挟盆沿，把盆翻转，让身体对面的盆沿在台边或柜上轻扣，让盆土松离并用棍棒从出水孔向上捅一下；同时用手掌护住盆泥，防止植株下跌而损伤，扣松后，左手托住植株和盆泥，右手把盆拿开，再把植株翻转过来。

2. 修剪与减泥

剔除泥球外沿泥尾达 1/3～1/2，并修剪部分烂根、弱根。

3. 上盆

将植株栽入原盆中，可在新培养土中掺入肥料。

4. 浇水、缓苗

浇透水后，置于荫蔽处缓苗。

（四）倒盆、转盆

为保证花卉产品生长一致，保证匀称完整的株形，每隔一定的时间进行花盆方向转换和增大盆间距离的操作。

四、作业与思考题

1. 记录上盆、换盆的操作步骤。

2. 通过实践操作，比较上盆、换盆的不同之处。

项目五十八 设施花卉的整形修剪技术

一、目的与要求

花卉通过合理的修剪整形，可以使植株造型优美整齐、层次分明、高低适中、枝叶稀密调配适当，从而提高花卉的观赏价值。不仅如此，及时剪去不必要的枝条，可以节省养分、调整树姿、改善通风透光条件，促使花卉提早开花和健壮生长。学生通过本项目的实施，了解花卉修剪的目的和常见方法，掌握花卉的修剪技术和整形技巧。

二、材料与用具

1. 材料

月季花、大理花、一串红等花卉。

2. 用具

竹竿、枝剪、小刀、塑料绳等。

三、步骤与方法

（一）整形

根据花木本身的生态习性及人们的观赏需求，确定整形方式。

常见的整形方式有：

（1）单干式　只留主干，不留侧枝，使顶端开花 1 朵，仅用于大丽花和标本菊的整形。将所有侧蕾全部摘除，使养分全部集中于顶蕾。

（2）多干式　留主枝数个，使其开出较多的花。如大丽花留 2～4 个主枝，菊花留 3、5、9 枝，其余全部剥去。

（3）丛生式　生长期进行多次摘心，促使发生多数枝条，全株成低矮丛生状，开出多数花朵。如矮牵牛、一串红、波斯菊、金鱼草、美女樱、百日草等。

（4）悬崖式　特点是全株枝条向一方伸展下垂，多用于小菊类品种的整形。

（5）攀援式　多用于蔓性花卉，如牵牛、茑萝、月光花、田旋花和斑叶蓳草。使枝条绑蔓于一定形式的支架上，如圆锥形、圆柱形、棚架形和篱垣等。

（6）匍匐式　利用枝条自然匍匐地面的特性，使其覆盖地面，如旱金莲、旋花和多数地被植物。

（二）修剪

修剪既可作为整形的手段，也可通过它们来调节植物的生长和发育。

花卉植物的修剪主要有以下几项：

1. 摘心

摘心促进分枝生长，增加枝条数目。

（1）幼苗期间早行摘心促其分枝，可使全株低矮、株丛紧凑。

（2）抑制枝条徒长，使枝梢充实。

（3）花穗长而大的或自然分枝力强的种类不宜摘心。

2. 除芽

剥去过多的腋芽，限制枝数增加和过多花朵的发生。

3. 折梢和捻梢

（1）折梢　将新梢折曲，但仍连而不断。

（2）捻梢　将枝梢捻转。

（3）抑制新梢的徒长，而促进花芽的形成，如牵牛、茑萝。

4. 曲枝

将生长势强的枝条向侧方压曲，弱枝扶之直立，可得抑强扶弱的效果。

5. 去蕾

常指除去侧蕾而留顶蕾，使顶蕾开花美、大，如芍药、菊花、大丽花等。在球根生产中，常去除花蕾，使球根肥大。

6. 修枝

剪除枯枝、病虫害枝、位置不正而扰乱株形的枝、开花后的残枝等，改善通风透光条件，减少养分的消耗。

四、作业与思考题

1. 分析花卉不同修剪方法的差异，并熟练操作。

2. 以某一植物为代表，对其进行整形修剪，并做好记录。

项目五十九 花卉播种繁殖技术

一、目的与要求

花卉繁殖是繁衍后代、保存种质资源的手段。只有将种质资源保存下来且繁殖一定的数量，才能为园林所应用，并为花卉选种、育种提供条件，因此掌握不同花卉的繁殖方法很有必要。通过本项目的实施，掌握花卉有性繁殖的基本环境条件、播种技术、常见花卉的播种方法，理解并掌握花卉穴盘播种育苗的操作方法，掌握播种花卉的苗期的管理方法和措施。

二、材料与用具

1. 材料

常见一、二年生花卉种子，如三色堇、雏菊、一串红、凤仙花（直播）等。

2. 用具

穴盘、营养土、筛子、铁锹、喷壶等。

三、步骤与方法

播种方法分为地播和盆播。

（一）盆播

（1）播种用土准备：采用混合土，配合比例如下：

细小种子　腐叶土：河沙：园土＝5：3：2。

中粒种子　腐叶土：河沙：园土＝2：1：2。

大粒种子　腐叶土：河沙：园土＝5：1：4。

在使用前消毒（蒸汽或药剂）并过筛，细粒种子用网眼 2～3mm 细筛筛土，中、大粒种子用 4～5mm 网眼筛子筛土。土壤含水量适当。

（2）用碎瓦片把盆底排水孔盖上，填入 1/3 碎盆或粗沙，其上填入筛出的粗粒混合土，厚约 1/3，最上层为播种用土，厚约 1/3。

（3）盆土填入后，用木条将土面压实刮平，使土面距盆沿 2～3cm。

（4）用"浸盆法"将浅盆下部浸入较大的水盆或水池中，使土面位于盆外水面以上，待土壤浸湿后，将盆提出，过多的水分渗出后，即可播种。

（5）细小种子宜采用撒播法。为防止播种太密，可掺入细沙与种子一起播入，用细筛筛过的土覆盖，以不见种子为度。中、大粒种子用点播或条播法，播后覆土。

（6）覆土后在盆面上盖玻璃或报纸等，以减少水分蒸发，并置于室内阴凉处。

（7）播后管理：应注意维持盆土湿润，干燥时仍然用浸盆法给水，幼苗出土后逐渐移于光照充足处。

（二）地播

（1）播种前将土翻挖一下，除去草根。最好消毒、除虫、除草。

（2）土壤整平。中间稍有点坡度，以利排水。这种坡度让人不易察觉。

（3）将土壤施入完全腐熟的基肥，也可施复合肥等缓释肥。不要用化肥，化肥一般作追肥。

（4）将土壤浇透水。

（5）将种子均匀地撒在土壤上。用干燥洁净的沙子和种子混合后易于撒播，混合比例为沙子∶种子＝2∶1。

（6）可以盖一层土，将种子盖住。覆土厚度不得超过种粒直径的2～3倍。

（7）以后每天保持湿度。在20℃左右的气温下，需要5～10d出芽。

（8）种子出芽、显绿后，追肥（尿素或者磷酸二氢钾）。

（9）以后有杂草生出，还需要人工除草。有虫害和病害的话也应及时发现防治。

（三）播后管理

播种完毕后，立即用喷雾器等均匀地洒足水分，在容器上方盖上塑料薄膜等（应留有空隙，以利气体交换），放于荫蔽处。此后应加强管理，随时观察，做好水分、温度、光照、病虫害等因子的调控，尽量保持盆土表面在出苗前不干，花苗出齐后可去掉塑料薄膜并逐渐移至日光照射充足之处。在第一次间苗前如果基质发干，用喷雾器给水，间苗后再用细眼喷壶洒水浇灌。

（四）注意事项

（1）混合土主要是保证良好的土壤性能。所用的土壤应为中性，沙为不含炭、淤泥、贝壳等夹杂物的清洁河沙。

（2）播种时期依不同种类和市场需要而定，但必须保证良好的萌发条件。如：温度20～30℃，水分70%左右，喜光种子最好用玻璃覆盖。

（3）种子播种应精选。若用15%甲醛消毒，应用清水冲洗干净。有些种子需要浸种催芽。

（4）地播技术相对简单，但要注意使播种床的床面平整，表土细粒，利于排水。播种前土壤湿度适中；注意播后覆盖，防冻（秋播）、防雨（南方）、防旱（北方）等。

（5）根据花卉而异选择最适合、最简便有效的播种方案。

（6）播种完毕后，应经常观察，注意苗床水分、温度、光照、病虫害、肥水等因子的调控，培养壮苗。

四、作业与思考题

1. 比较不同播种方式的技术要领及适用对象。

2. 种子实生繁殖适用于哪些花卉？有何优缺点？

3. 记录播种育苗的整个操作过程，将种子发芽情况和苗期生长情况数据填入自制表中，整理数据，分析影响种子发芽率、出苗率和幼苗质量的因素，并提出提高发芽率、出苗率和幼苗质量的可能途径与措施。

项目六十 设施花卉的扦插繁殖技术

一、目的与要求

利用扦插技术进行无性繁殖是园艺植物的重要繁殖方法。其优点是所有繁殖体在基因型上与母体相同，可以大量繁殖性状一致的植物种苗。园艺植物扦插繁殖有多种方法，不同植物应选择最适宜的方法。插条可以是植株的所有营养器官，包括茎、叶、根等。扦插繁殖的环境条件应有利于植物缺失部分的再生，特别是根系发生，以利于尽早形成新的植株。本项目的目的即使学生通过示范和操作掌握一种扦插繁殖的方法。

二、材料与用具

1. 材料

果树、蔬菜、花卉等园艺植物茎、叶、枝、根等。

2. 用具

育苗容器（盆、木箱、塑料箱、育苗盘等）、育苗基质、促进生根的植物激素、切接刀、修枝剪、标签和记号笔。

三、步骤与方法

选用一种扦插方法，先由教师讲解示范，然后学生分组独立操作。

（一）枝插（茎插）

枝插是最重要也是最普遍的一种扦插方式，可分为硬枝扦插、半硬枝扦插、软枝扦插和草质茎扦插等类型。插条要有侧芽或顶芽，一般5～10cm，取健壮叶的部位保留3～4片叶子，摘除基部1/3处以下的叶片。

1. 半硬枝扦插

选用当年生半木质化的枝条为插穗，植物材料可用米兰、茉莉、月季花等花卉品种，最好在夏季取比较成熟的枝条。一些落叶木本植物也可在夏季用半木质化枝条扦插繁殖，如葡萄的繁殖，一般称为嫩枝或绿枝扦插。操作步骤如下：①用记号笔记下扦插的品种；②选择枝条（一年生枝条）；③切成 5～10cm 的枝段作为插穗；④上部留 2～3 个叶片，去除基部 1/3 以下叶片；⑤用不同浓度的生根激素处理插穗基部；⑥将插穗插入基质中压实，深度为插条的 1/3～1/2；⑦置于有保湿条件的环境中，如温室、大棚、中小棚等。

2. 硬枝扦插

选用一至二年生的完全木质化的枝条为插穗，落叶木本植物在休眠期采穗，常绿针叶树在秋季采穗立即扦插，常用品种为葡萄等。插穗剪成 10～20cm 长，带 2～3 个芽，扦插深度为插穗的 1/2～2/3。落叶木本植物在秋季采穗后可立即扦插，也可保湿沙藏到第二年春季。生根激素处理浓度应高于半硬枝扦插，其他与半硬枝扦插相同。

3. 软枝扦插

选用当年生发育较为充实的草本植物嫩茎为插穗，可进行一串红、菊花等的繁殖，也可用于仙人掌等肉质多汁类草本植物繁殖。取刚刚停止生长、内部尚未完全成熟的嫩梢，剪成 5～10cm 茎段，每段带 3 个芽，留上部 2～3 个叶片，去除下部叶片。插入基质深度为枝条 1/3 左右。扦插后要注意保湿并适当遮阳，其他要求同半硬枝扦插。

（二）叶插

以成熟的叶片作为扦插材料，材料为叶片肥大、叶柄粗壮、叶上易产生不定根或不定芽的草本或木本植物，分为全叶插、片叶插等。多用于虎尾兰属、秋海棠属、景天科、胡椒科的植物繁殖。

1. 全叶插

取带叶柄的完整叶片进行扦插，生根部位在叶柄切口外侧，一般采用直立扦插法，可用于大岩桐、虎尾兰、非洲紫罗兰、豆瓣绿等的繁殖。方法是取带叶柄 3～5cm 的叶片，将叶柄插入介质中，叶片立于介质表面，也可采用平置法扦插，如景天科的宝石花、玉米景天等。

2. 片叶插

将叶片分为数块，每块叶片要带有主脉，然后直插入基质中使其生根长芽，可用于蟆叶秋海棠、大岩桐、虎尾兰等。方法是取叶片，切成碎片并保持每片有主脉，采用直插法并保持叶片极性，不可倒置。扦插好的叶片应放置于阴凉处，但不能过分潮湿，否则叶片会腐烂。

3. 叶芽插

类似于茎插，属于短茎上带有一叶一芽的扦插方法，多用于红薯、菊花、橡皮树等易生根但不易长芽的种类。方法是把一段茎切成小段，每段上有一个叶和腋芽，或芽上带有盾形茎。可直插仅露出芽尖，也可平插只露出叶片。

（三）根插

以根作插穗，多用于易从根部形成不定芽的植物种类，如芍药、海棠、丁香、枣、山楂等。选取 2cm 以上粗壮根条，切成 5～15cm 的根段，直插或平置于基质中。直插时顶端与基质齐平或略高，平置时上覆基质约 1cm 厚。无论直插还是平置均应注意保持极性。

四、作业与思考题

1. 详细记录操作过程，定期调查生根、发芽情况，计算扦插发芽率、生根率和成活率。

2. 扦插繁殖有什么优点和不足？是否还有比扦插更好的无性繁殖方法？比较它们的异同。

3. 试分析不同扦插方法中影响成活率的主要因素。

项目六十一 设施花卉的嫁接繁殖技术

一、目的与要求

嫁接是利用植物的再生能力进行繁殖的方法，学生通过本项目的实施，学习和掌握花卉枝接和芽接繁殖的基本操作方法，认识木本植物和仙人掌科植物的结构特点，掌握它们的嫁接基本方法。

二、材料与用具

1. 材料

月季、仙人掌等花卉植物。

2. 用具

嫁接刀、塑料条、枝剪、接穗、砧木等。

三、步骤与方法

（一）木本花卉的嫁接

木本花卉的嫁接分为枝接法和芽接法。

1. 枝接法

用植物的一段枝条作为接穗进行嫁接繁殖，称为枝接。方法有切接法、劈接法、靠接法等。只要条件具备，一年四季都可进行枝接，但以春季萌芽前后至展叶期进行较为普遍。

（1）切接法

一般在春季顶芽刚刚萌动而新梢尚未抽生时进行。

① 选择一年生充实健壮的枝条，将其剪成长为 8cm 左右的茎段，每段必须有腋芽 2 个以上。用刀在接穗基部两侧削成一长一短的两个削面，长削面长 2.5cm 左右，短削面 1.0cm 左右。每一削面最好一刀削成。

② 将砧木从距地面 20cm 处短剪，削平断面，再按照接穗的粗度，选砧木平整光滑面由截口稍带木质部处向下纵切，切口长度与接穗长削面长度相适应（深 2.5cm 左右）。

③ 把接穗的长削面向里，插入砧木的切口内，并将两侧或一侧的形成层对齐，最后小塑料条将接口包严绑紧。对于一些比较幼嫩的花卉接穗，为了防止接口亲合前接穗抽干，常用一个小的塑料袋把接穗和切接口一起套住，待接穗抽生新梢后再把它去掉。

（2）劈接法

常在利用大型母株作砧木时使用，这时的砧木粗度常比接穗粗得多，落叶花木的劈接时间与切接一样，常绿花木多在立秋后进行。

① 在接穗基部削成长度相等的两个对称削面，长 2cm 左右，切面应平滑整齐。

② 将砧木截去上部，削平断面，用刀在砧木断面中心处垂直劈下，深度略长于接穗的削面。

③ 将砧木切口撬开，把接穗插入。为提高成活率，常用 2 根接穗插入砧木切口的两侧，仅将接穗外侧的形成层和砧木一侧的形成层对齐，然后用塑料薄膜绑紧包严。

（3）芽苗砧嫁接

芽苗砧嫁接属切接的一种，此法方法简单，成活率较高。

① 接穗削法同切接，但需选择与砧木粗度相当，带 1～2 个芽的接穗。

② 砧木采用播种小苗，即在实生苗的真叶长出一片或未长出真叶时，在真叶处以下、子叶以上的地方平剪，然后用刀片将砧木从截面中央垂直向下切，深度与

接穗削面相一致。

③ 将接穗小心地插入砧木切口，用牙膏皮（小片）将砧木切口扣紧，然后用塑料薄膜罩住。

由于砧木是实生小苗，非常细小、嫩脆，操作过程中应小心谨慎、细致操作。

2. 芽接法

用植物的芽作接穗来进行嫁接繁殖，称芽接。一般来说，7～9月份是主要的芽接时期。当然，只要皮层能够剥离，在生长季的其他时间也可进行。芽接的方法有"T"字形芽接法、门形芽接法及嵌芽接法等。

（1）"T"字形芽接法

① 接穗芽的削取　在所选择作接芽的上方0.3～0.5cm处横切一刀，深入木质部达0.1cm左右，再在该腋芽下方0.5～0.8cm处，深达木质部向上推削，直至横切口，取下接芽，用指甲把接芽里侧的木质部剥掉，立即含入口中。

② 切砧木　在砧木离地面3～5cm处或10～15cm处（根据植物种类不同而异）选择光滑的部位作为芽接处，用刀将其韧皮部切一"T"字形切口，其大小应和接芽一致。

③ 接芽和绑缚　用刀轻撬纵切口，将芽片顺砧木"T"字切口插入，芽片的上边对齐砧木横切口（注意使两者切口紧密吻合），然后用塑料条从上向下绑紧，但要求芽眼露出。

（2）嵌芽接法

① 削芽片　先在接穗芽上方0.8～1cm处向下斜切一刀，长约1.5cm，再在芽下方0.5～0.8cm处，斜切成80°角到第一刀刀口底部，取下带木质部的芽片。芽片长1.5～2cm。

② 切砧木　按照芽片的大小，相应地在砧木上由上而下切一切口，长度应比芽片略长。

③ 接芽和绑缚　将芽片插入砧木切口中，芽片顶部或芽片一侧与砧木的顶部或一侧对齐，即形成层对正对齐，以利愈合，然后用塑料条绑紧。

④ 芽接后　10d左右进行成活率检查，凡接芽呈新鲜状态，叶柄一触即落者表明已成活；而芽和叶柄干枯不易脱落者说明未活。

（二）仙人掌类植物的嫁接

仙人掌类植物的嫁接分为插接和平接。

1. 插接法

插接法主要用于扁平茎节的种类，如蟹爪兰、仙人指等。

（1）用利刀将砧木上端横切，并在其顶端或侧面不同部位切一个或几个楔形裂口，达髓部。

（2）将接穗下端两面削平，略呈楔形，注意应一刀完成。

（3）将接穗插进砧木的裂缝内，使髓部密接，用塑料薄膜或塑料绳绑扎，并罩小塑料袋，放于阴凉处，成活逐渐见阳光。

2．平接法

平接法主要用于球形、柱形的接穗和砧木。

（1）先用快刀将砧木顶部削平，削面直径一定要超过接穗削面的直径，然后把切面的四周向下方呈 30°角削掉一小部分。

（2）将接穗下部切掉 1/3 左右，切口要平整，边缘切法与砧木一样（接穗与砧木都要这样切的原因，大家可以观察、思考）。

（3）接穗立即放在砧木上，髓部对齐，然后用尼龙绳等绑扎固定牢固，再套上塑料袋或玻璃钟罩保湿。

（三）注意事项

（1）砧木与接穗需选择二者亲和力好的种类。

（2）嫁接时的温度处于植物生长的最适温度时期。

（3）嫁接后接口部必须保湿、遮光和通气。

（4）要求嫁接的操作技术熟练，操作过程流畅，砧木和接穗接口有较大的接触面。

（5）嫁接后，经常观察，及时除去砧木上的萌枝。

四、作业与思考题

1．记录嫁接的整个操作过程，记录嫁接砧木和接穗的萌动时间、成活率等，将数据填入自制表中。

2．分析嫁接成活及接后生长效果的因素，并提出提高嫁接成活率和接后质量的可能途径与措施。

项目六十二　设施花卉的分株繁殖

一、目的与要求

分株繁殖是指将母株掘起分成数丛，每丛都带有根、茎、叶、芽，另行栽植，培育成独立生长的新植株的方法。多用于丛生性强的花灌木和萌蘖力强的宿根花卉，是繁殖花木的一种简易方法，其成活率高、成苗快。牡丹、文竹、芍药、蜡梅、君子兰、兰花、玉簪、鸢尾等常用此法繁殖。一般早春开花的种类在秋季生长停止后进行分株，夏秋开花的种类在早春萌动前进行分株。学生通过本项目的实施，学习和掌握花卉分株繁殖的操作方法。

二、材料与用具

1. 材料

花卉材料如吊兰、虎尾兰等。

2. 用具

浇水壶、培养土、营养钵、花铲等。

三、步骤与方法

（1）将待分株的植株从盆中取出，用枝剪剪去枯、残、病、老根，并抖落部分附土。

（2）将根际发生的萌蘖与母株分开，并作适当修剪。

（3）按新植株的大小选用相应规模的花盆，用碎瓦片盖于盆底的排水孔上，将凹面向下，盆底用粗粒或碎砖块等形成一层排水物，上面再填入一层培养土，以待植苗。

（4）用左手拿苗放于盆口中央深浅适当位置，填培养土于苗根的四周，用手指压紧，土面与盆口应留适当距离，土面中间高，靠盆沿低。

（5）栽植完毕后，用喷壶充分喷水，置阴处数日缓苗，待苗恢复生长后，逐渐放于光照充足之处。

（6）要求：①选择分株的植株不宜过小，以免影响开花；②分离植株时要小心操作，以免伤植株茎、叶；③新栽植时尽量避免窝根。

（7）吊兰分生繁殖分为如下5个步骤。

① 选择母株　选择生长茂盛、健康的吊兰母株，剪掉植株上的走茎，并把走茎上的小植株整理好。

② 去盆去土　将吊兰植株从盆内取出，取出时注意不要损伤植株。去除植株根系周围的土壤，但不需要去除得特别干净，需要留一些土壤维持原来的菌群。

③ 分株　分株时，根据实际需要确定分割植株的数量和大小。需要快速上市，可以几株一组。看好缝隙，用刀割开。去除老根、坏损根及多余的根系。

④ 上盆　盆底用瓦块等堵住小孔，放入混合基质做底土，再放入植株并用手扶着植株，保证植株在花盆的中心，逐渐放入基质，边放基质边用手压实，最后盆土表面距离盆沿1cm，以利于浇水。

⑤ 浇水及后期管理 上盆后浇透水，后期浇水依据"见干见湿"的原则，并观察植株生长和恢复的情况。

四、作业与思考题

以某一种花卉为例，简述分株繁殖的操作过程及技术要点。

参 考 文 献

[1] 张福墁. 设施园艺学 [M]. 第2版. 北京：中国农业大学出版社，2010.

[2] 李式军. 设施园艺学 [M]. 北京：中国农业出版社，2002.

[3] 周长吉. 温室工程设计手册 [M]. 北京：中国农业出版社，2007.

[4] 邹志荣. 园艺设施学 [M]. 北京：中国农业出版社，2002.

[5] 郗荣庭. 果树栽培学总论 [M]. 第3版. 北京：中国农业出版社，1997.

[6] 张玉星. 果树栽培学各论 [M]. 北京：中国农业出版社，2003.

[7] 张占军. 果树设施栽培学 [M]. 咸阳：西北农林科技大学出版社，2009.

[8] 边卫东. 设施果树栽培 [M]. 北京：科学出版社，2016.

[9] 郭大龙. 设施果树栽培 [M]. 北京：科学出版社，2018.

[10] 李天来. 设施蔬菜栽培学 [M]. 北京：中国农业出版社，2011.

[11] 山东农业大学. 蔬菜栽培学总论 [M]. 北京：中国农业出版社，2000.

[12] 山东农业大学. 蔬菜栽培学各论 [M]. 第3版. 北京：中国农业出版社，1999.

[13] 包满珠. 花卉学 [M]. 第3版. 北京：中国农业出版社，2011.

[14] 陈发棣，郭维明. 观赏园艺学 [M]. 第2版. 北京：中国农业出版社，2009.

[15] 李建明. 设施农业实践与实验 [M]. 北京：化学工业出版社，2016.

[16] 王久兴，宋士清. 设施蔬菜栽培学实践教学指导书 [M]. 北京：中国农业科学技术出版社，2012.

[17] 蒋欣梅，张清友. 蔬菜栽培学实验指导 [M]. 北京：化学工业出版社，2012.

[18] 范双喜，张玉星. 园艺植物栽培学实验指导 [M]. 北京：中国农业大学出版社，2011.

[19] 郭世荣. 无土栽培学 [M]. 第2版. 北京：中国农业出版社，2011.

[20] 别之龙，黄丹枫. 工厂化育苗原理与技术 [M]. 北京：中国农业出版社，2008.